U0272179

家禽养殖
福利评价技术

林 海 杨军香 主编

中国农业科学技术出版社

图书在版编目（CIP）数据

家禽养殖福利评价技术 / 林海，杨军香主编 . —北京：
中国农业科学技术出版社，2014.12
ISBN 978-7-5116-1917-4

Ⅰ．①家… Ⅱ．①林…②杨… Ⅲ．①家禽—饲养管理—评价—
技术规范　Ⅳ．① S83-65

中国版本图书馆 CIP 数据核字（2014）第 275182 号

责任编辑　闫庆健
责任校对　贾晓红

出　版　者　中国农业科学技术出版社
　　　　　　北京市中关村南大街 12 号　邮编：100081
电　　　话　（010）82106632（编辑室）（010）82109704（发行部）
　　　　　　（010）82109709（读者服务部）
传　　　真　（010）82106625
网　　　址　http://www.castp.cn
经　销　者　各地新华书店
印　刷　者　北京华正印刷有限公司
开　　　本　787 mm × 1092 mm　1 /16
印　　　张　9
字　　　数　219 千字
版　　　次　2014 年 12 月第 1 版　2014 年 12 月第 1 次印刷
定　　　价　39.80 元

前 言

改革开放以来，我国蛋鸡生产从传统农户散养迅速发展为集约化、专业化、标准化的规模养殖，为优化我国畜牧业产业结构，加快畜牧业转型升级，推动农村经济社会发展起到重要作用。

我国鸡蛋总产量不断攀升，蛋鸡产业结构得到不断调整和优化，产业竞争能力明显增强。据统计，2010年我国家禽出栏110亿只，存栏53.5亿只，禽肉产量1 656.1万吨，禽蛋产量2 762.7万吨，全国年存栏0.2万~5万只蛋鸡规模化养殖比重达到88.3%，年出栏5万只以上规模的肉鸡场比重达35%以上，有效保障了肉蛋供应。但不容忽视的是，当前我国家禽生产正处于产业升级、转型的关键时期，我国家禽养殖总体上仍存在饲养管理不规范、疫病控制能力不强、生产效率不高、福利重视不够等问题。西方畜牧业发达国家在规模化工厂生产中的家禽福利经验与教训必须引起足够重视。家禽福利是将动物福利理念应用于家禽生产组织和管理过程中，体现了对家禽基本生物学需求的满足，是保证家禽健康、安全生产的关键。家禽福利关注的是家禽在饲养、运输及屠宰过程中的生理与行为反应，涵盖了健康养殖理念，是健康养殖的进一步发展。在《中华人民共和国畜牧法》中，也体现了对畜禽福利问题的关注，提出"畜禽养殖场应当为其饲养的畜禽提供适当的繁殖条件和生存、生长环境"，这一法规

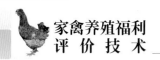
的落实与实施还需要相应技术作为支撑。

全国畜牧总站组织山东农业大学动物科技学院和中国农业科学院家禽科学研究所等有关专家，认真梳理我国家禽养殖福利评价技术，并借鉴国外家禽福利评价经验，编写了《家禽养殖福利评价技术》一书。该书主要内容包括家禽福利现状、家禽利评价体系、蛋鸡养殖福利评价、肉鸡养殖福利评价、家禽运输与屠宰福利评价等5个方面，对于提高我国家禽标准化养殖水平、提高基层畜牧技术推广人员科技服务能力等具有重要指导意义和促进作用。

该书图文并茂，内容深入浅出，技术先进适用，可操作性强，是各级畜牧技术人员和养殖场（小区、户）生产管理人员的实用参考书。

编者
2014 年 7 月

目 录

第一章　家禽福利现状 ……………………………………… 001
　第一节　科学内涵 …………………………………………… 002
　第二节　福利现状 …………………………………………… 012

第二章　家禽福利评价体系 ………………………………… 017
　第一节　体系概述 …………………………………………… 017
　第二节　体系构建 …………………………………………… 021

第三章　蛋鸡养殖福利评价技术 …………………………… 027
　第一节　饲喂条件 …………………………………………… 028
　第二节　养殖设施 …………………………………………… 031
　第三节　健康状态 …………………………………………… 040
　第四节　行为模式 …………………………………………… 051
　第五节　操作规程 …………………………………………… 065

第四章　肉鸡养殖福利评价技术 …………………………… 067
　第一节　饲喂条件 …………………………………………… 067
　第二节　养殖设施 …………………………………………… 072
　第三节　健康状态 …………………………………………… 080
　第四节　行为模式 …………………………………………… 085

第五节 操作规程 ··· 090

第六节 屠宰场测定 ··· 091

第五章 家禽运输与屠宰福利评价技术 ··············· 099

第一节 饲喂条件 ··· 099

第二节 运输设施 ··· 102

第三节 健康状态 ··· 104

第四节 行为模式 ··· 109

第五节 操作规程 ··· 111

附录A 家禽福利评价表 ······························· 112

附录B 蛋鸡养殖福利评价数据记录表 ··············· 114

附录C 肉鸡养殖福利评价数据记录表 ··············· 123

附录D 家禽运输与屠宰福利评价数据记录表 ········· 129

参考文献 ··· 133

第一章 家禽福利现状

在现代规模化与集约化畜牧生产系统中，对生产效率和投资效益（投入／产出比）的追求决定了其对畜禽福利问题的忽视。在家禽育种中对生长速度、生产性能和饲料转化率的片面追求，也使现代品种、品系的家禽对环境愈加敏感。如肉鸡类 PSE 肉的产生、环境因素诱发肉仔鸡腹水症、呼吸道疫病的易发等都是其后果。近年来，亚洲地区禽流感的暴发与高密度饲养条件和应激现象普遍存在有关。病原体、传播途径与易感动物是疫病传播的三个不可或缺的要素。集约化家禽生产中拥挤、断喙、高温、转群、氨气等应激源充斥于饲养全程中，造成家禽免疫机能下降，对疫病的易感性增加。同时由于我国的标准化生产水平低，环境控制设备设施不齐全，环境控制水平较低，应激现象更是层出不穷。因此，重视家禽福利饲养和生产环境，关心其福利状态，提高家禽的免疫功能和健康水平是疫病防治的重要手段。

国际上动物福利理念的提出已有 100 多年历史，自 1980 年以来，欧盟、美国、加拿大等国家和地区都进行了动物福利方面的立法工作，并在畜禽福利饲养、运输和屠宰过程中实施。随着全球经济一体化进程的加快，畜禽生产中的动物福利理念对国际贸易的影响日渐显现。在家禽生产领域，随着集约化程度的提高，蛋鸡笼养、肉鸡环控以及屠宰方面存在的种种福利问题对家禽健康和肉品质的影响已逐渐显现。提高畜禽福利水平是降低应

全国人民代表大会常务委员会公报版

中华人民共和国畜牧法

中国民主法制出版社

图 1-1 2006 年 7 月 1 日正式实施的畜牧法

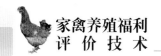
激、促进家禽健康和改善产品品质的有效途径。关心家禽福利，既可提高家禽的生产水平和健康水平，也可保证食品安全和人类健康。

我国政府对养殖生产过程中的畜禽福利问题给予高度重视，《中华人民共和国畜牧法》第42条明确规定："畜禽养殖场应当为其饲养的畜禽提供适当的繁殖条件和生存、生长环境。"第53条规定，"运输畜禽……采取措施保护畜禽安全，并为运输的畜禽提供必要的空间和饲喂饮水条"（图1-1）。因此，关注动物福利，统筹考虑人与动物的关系，实现养殖业的可持续发展，是我国畜牧业未来发展需解决的关键问题。当前我国畜牧业亟待转型升级，利用畜禽福利的理念研发有利于提高畜禽健康水平和生产水平的设施设备和管理技术，实现健康、安全生产，对保障畜牧业可持续发展具有重要的现实意义。家禽福利就是利用福利的理念，为现代家禽生产提供满足其基本生物学需求的适宜生产环境，生产健康、安全、优质的肉蛋产品。

第一节　科学内涵

一、家禽福利的概念

动物福利理念的提出可追溯至1822年英国通过的防止虐待动物的"马丁法令"，受其影响法国在1850年也通过了反虐待动物法案。1964年英国Harrison女士发表了《动物机器》（Animal Machines）一书，提出畜禽的工业化生产模式中对动物的态度和方式有悖于人类的伦理道德理念。该书的出版极大地推动了家畜（禽）福利的发展。据此，英国政府组织了对现代养殖模式下动物生存状态的调查，奠定了欧洲动物福利发展的基础。接下来《动物、人和道德》（Animal, Men and Morals, 1971）和《动物解放》（Animal Liberation, 1976）两部著作的出版，从哲学与社会学的角度，分析了动物与人的关系，阐述了动物的意识和道德位置问题，奠定了家畜（禽）福利的政治基础。上述运动的开展导致了家畜福利委员会（Farm Animal Welfare Council, FAWC）于1979年成立。FAWC提出动物具有5项权益：享有舒适的自由，免于饥渴，免于痛苦和伤病，免于恐惧与沮丧，享有正常地展现其行为的自由。以上内容诠释了动物权利或动物保护运动的观念，即人如何对待动物，或者动物应具有什么权利和权益。畜禽福利不同于动物权利，其关注点在于如何在现代畜禽生产模式中，关注人如何为畜禽提供适宜的生产环境，保证畜禽良好的健康状态和适宜的生产性能。其着眼点不再是对畜禽高产的追求，而是对健康、安全、优质生产的关注。

自20世纪60年代以来，国内外许多学者和动物保护组织从不同角度阐述了对动物福利的理解。Fraser和Broom认为，动物福利是其个体试图适应环境时的一种身体和精神状态（Fraser and Broom, 1990）。Brambell认为，动物福利是一个非常宽泛的概念，主要包括动物生理和精神两方面的需要，因此评估动物福利必须从动物的机体功能及其行为表达来进行科学判断（Brambell, 1965）。Wiepkema认为，周边环境变化及对动物造成伤害性刺激必然引起动物严重的挫折感，使动物遭受痛苦，福利水平低下（Wiepkema，1982）。Lorz 认为，动物福利意味着动物在身体、心理和环境方面协调一致（Lorz，1973）。Dawkins 认为，动物福利好坏取决于动物的感觉（Dawkins，1990）。可见，以上动物福利的概念涉及动物生活质量的各个方面。动物福利定义中的伦理道德因素一直是科学界争论的焦点，一些科学家认为动物福利能够客观的评价，不需要伦理道德方面的内容（Broom，1991），反面观点则认为，动物福利应该同时考虑科学和伦理价值（Tannenbaum，1991）。

世界动物卫生组织（World Organization for Animal Health，OIE）将动物福利定义为动物的一种生存状态，良好的动物福利状态包括健康、舒适、安全的生存环境，充足的营养，免受疼痛、恐惧和压力，表达动物的天性，良好的兽医诊治、疾病预防和人道的屠宰方法。世界动物保护协会（The World Society for the Protection of Animals，WSPA）强调动物是有感知的，动物福利就是反对虐待动物。英国防止虐待动物协会（The Royal Society for the Prevention of Cruelty to Animals，RSPCA）强调拯救动物，防止残酷虐待动物的行为。动物实验替代方法"3R"原则为科研中动物的使用提供有用的指导，分别是减少实验动物数（Reduction）、改进动物实验方法（Refinement）、替代实验动物（Replacement）。

英国政府在 1965 年成立了 Brambell 委员会，提出动物福利"五项自由"基本原则（简称 5F 原则），也是目前国际公认的动物福利评价准则，分别为：提供新鲜饮水和日粮，以确保动物的健康和活力，使它们免受饥渴；提供适当的环境，包括庇护处和和安逸的栖息场所，使动物免受不适；做好疾病预防，并及时诊治患病动物，使它们免受疼痛、伤害和病痛；提供足够的空间、适当的设施和同种伙伴，使动物自由地表达正常行为；确保提供的条件和处置方式能避免动物的精神痛苦，使其免受恐惧和苦难。迄今为止，各国的学者或组织并没有形成统一的概念，但有一点是相同的，就是保障动物健康、反对虐待动物、人与动物和谐相处。动物福利应是个综合的概念，即包括伦理道德上的主观价值，又包括科学评价上的客观价值，要科学的评价和定义动物福利，需要根据试验获得各种必要的参数来推测动物的主观体验，并使这个过程程序化，从而形成具有可操作性的动物福利定义。这一定义应同时涉及道德和科学两个方面。

家禽福利的理念来源于动物福利，其关注的重点是家禽对其营养状态、生产环境适宜程度、健康状态的生理和行为反映。这一定义仅涉及其科学层面。家禽福利不同于动物权利，是将动物福利中关注畜禽的基本生物学需求用于指导现代畜禽养殖生产而产生的一门科学。规模化畜禽养殖，是将工业化生产和管理方法应用于畜禽生产，在这一生产模式中忽视了动物的生物学需求（精神、行为和健康等，图 1-2）。畜禽福利是将动物福利的理念应用于畜牧业生产的组织和管理过程中，体现了对畜禽基本生物学需求的满足，是保证畜禽健康、安全生产的关键。畜禽福利的内涵是关注畜禽的营养状态、生产环境、健康状态和行为状态，这些内容涵盖了健康养殖的理念，是健康养殖的进一步发展，是我国现代畜牧业的重要内涵。

图 1-2 关注家禽的产蛋与栖息行为

二、家禽福利的应用

对畜禽福利状态的关注，业已导致家禽生产方式的改变，尤其是在欧洲。例如，关于层架式鸡笼中母鸡的福利问题研究在欧洲开始于 1965 年。1966 年，欧盟兽医科学委员会的报告指出，无任何附加设备的单调型层架式鸡笼不利于蛋鸡的充分活动，因而需要更好的蛋鸡饲养系统。鉴于此，欧盟制定了《1999/74/EC》指令。该指令要求自 2003 年至 2012 年，逐步取缔传统的"集中笼养"蛋鸡饲养模式。指令规定自 2012 年 1 月 1 日起在欧盟成员国禁止使用传统的笼养蛋禽模式，并且要求自 2003 年 1 月 1 日起停止安装这样的设备，所有的传统笼养系统必须替换成环境丰富型笼具（enriched cage）、大笼（aviary system）或自由放养系统（free-range system）。在美国，加利福尼亚州已经通过法律于 2015 年禁止完全笼养方式。在肉鸡生产中，饲养密度大、空间有限及环境单调等因素，使得肉仔鸡缺乏充分的活动空间，影响了其福利状态，增加了腿部疾患的发生率。欧盟规定肉鸡的饲养密度不得超过每平方米 33 kg，当温湿度、氨气和二氧化碳浓度处于允许范围内时，饲养密度可适当提高至每平方米不超过 39 kg，在各阶段肉鸡死亡率保持在一个较低的水平时，饲养密度还可以适当增加。这些法规的制定，也反映出了福利标准和家禽健康及饲养环境的关系。在我国蛋鸡生产中，叠层笼养模式的快速发展和推广，显著改善了鸡舍内的空气质量，提高了鸡群的健康水平；夏季湿帘降温系统的推广应用，显著降低了肉鸡、蛋鸡等的热应激程度。这些均体现了对家禽适宜生产环境的改善和控制，是家禽福利理念的应用（图 1-3）。

蛋鸡叠层笼养设施　　　　　　　　　鸡舍湿帘降温系统

图 1-3　家禽福利养殖设施与环境控制设施

　　畜禽福利状态对畜产品安全也产生了重要影响，主要表现为消费者对畜禽生产环境的关注，动物福利已成为食品安全的一个重要方面。1974 年欧共体通过了其第一个动物福利方面（屠宰前致晕）的立法（74/577/EEC）。1976 年由 20 多个欧洲国家率先通过的《保护家畜的欧洲公约》，于 1979 年被欧共体批准（78/923/EEC）；关于动物福利、动物健康以及食品安全之间的联系在 1999 年欧共体食品白皮书中得到了重视。1998 年通过的《关于保护家畜的理事会指令》（98/58/EC）界定了欧盟关于畜禽福利的框架。在 2007~2013 年新动物健康战略中，动物福利与食物链政策实现了一体化。2005 年世界动物卫生组织（Office International Des Epizooties，OIE）颁布了其第一个动物福利（主要是关于动物的运输与屠宰等）的全球性指导方针。鉴于动物健康与动物福利之间的清晰联系，OLE 已将动物福利纳入其工作方案内。

三、家禽福利的内容

　　畜禽福利关注畜禽是否具有良好的营养状态、适宜的生存环境、健康的身体状态和正常的行为状态。畜禽福利状态的实质是畜禽对人类提供的生产环境的生理和行为反应。随着对畜禽福利问题科学研究的深入开展，畜禽福利逐渐发展成为一门科学（图 1-4）。畜禽福利不仅是一个理念，也是一门科学，本书所关注的正是后者——对畜禽福利的科学评价。作为科学的一个领域，畜禽（Farm animals）福利科学的研究出现在 20 世纪 60 年代，动物权利与畜禽福利也自此逐渐分道扬镳。畜禽福利是动物尝试适应其生存环境的状态（Broom，1986），即关注畜禽对环境的感知和反应，表现在行为和生理等方面。目前，对于畜禽福利的研究主要集中于环境及设施对畜禽心理、生理和行为的影响及其神经内分泌基础。畜禽的福利状态反映了动物对环境异态或应激荷载（Allostasis load）所表现出的适应能力，这取决于动物对外界环境及其变化的感知与反应强度。在畜禽生产中，动物的福利状态实际上反映了环境、饲养管理、营养等多个层面因素的综合影响。因此，通过福利评价可以发现饲养管理过程中存在的问题，为提高畜禽健康、生产性能和畜产品品质

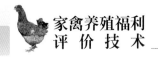
提供依据。

图1-4　家禽福利研究的相关学术期刊
（应用动物行为学、应用动物福利科学）

（一）感觉

近几十年来，动物福利科学的进步提供了强有力的证据，表明动物是有感觉的，换言之，动物可以体验到快乐和不快乐。随着人们日益相信这一点，其道德责任感逐渐被唤起。在对待动物的整个过程中，必须充分考虑动物的感情。对动物福利的关注就是对其感受的关注，感觉包括视觉、听觉、味觉、触觉，这些是与外部感受器相联系的。其次动物机体通过分布在体表及各器官的感受器，向大脑提供关于身体状态的各种信息，如疲劳、不适、恶心、疼痛等。最后是与大脑思想和情绪相关的意识，如焦虑、害怕等。

神经学和行为学的研究已经证明家禽具有感觉。例如，研究发现跛足的肉鸡选择更多含有止痛剂的食物，而非跛足的肉鸡不选择含有止痛剂的食物。但是，对这些感觉做出判断较为困难。例如，在确定我们所设计的养殖设施是否符合家禽的生物学需要时，很难通过一些生理指标和生产反应做出判断。通过行为学分析，则可分析出是否符合家禽的生物学习性，例如，如果鸡群中存在严重的啄癖现象，则提示在饲料和饲养环节中存在问题。再者，例如，疼痛，根据神经学、行为学的研究，以及人类自身的疼痛体验，可以对家禽的疼痛体验作出判断。因此，对家禽行为学的研究可以分析生产中存在的福利问题，并加以改善。

（二）疼痛

疼痛是家禽无法适应环境时的生理、心理和行为状态，与实际或潜在的组织损伤有关，常由疾病和损伤引起。在疼痛条件下，动物常表现为心跳加快，血压体温升高，性情暴躁，采食和饮水减少，免疫力低下，内分泌代谢紊乱，行为异常。

动物遭受伤害性刺激后，在中枢神经系统识别和作用下，机体对刺激产生了一系列的有规律的应答反应，包括行为反应、局部反应和反射性反应（孙忠超和贾幼陵，2013）。

行为反应是动物最常见的缓解疼痛应激的方式，表现为在伤害性刺激时逃跑、反抗、攻击和躲避等。疼痛初始阶段所引起的反应具有保护作用，反应速度快且明显，容易观察。例如，跛行的肉鸡改变了运动方式以使患病的肢体得到恢复（图1-5）。另外，声音反应也具有提示意义，急性疼痛的动物发出尖叫声，慢性疼痛的动物发出叹息和呻吟声，声音可以警示其他动物或人类，也可以唤起同类的同情。局部反应无需中枢神经系统参与就可以完成，是身体局部对伤害性刺激做出的一种简单的反应方式，如皮肤出现红肿、血管扩张等。反射性反应是在中枢神经系统的参与下，机体对伤害性刺激做出的有规律的应答反应。其反应强度与伤害性刺激的持续时间有关，长时间的刺激引起骨骼肌连续收缩，通常牵扯到全身其他部位，还会诱发一系列的生理机能变化，例如心率加快、血压升高、瞳孔放大、汗腺和肾上腺髓质分泌物质增加，其意义在于尽可能地使动物处于防御和进攻的有利地位。

图1-5　跛足的肉鸡

　　急性疼痛通常由伤害性损伤和炎症反应所致，当损伤痊愈或者炎症消失后，疼痛即可消失，一般情况下急性疼痛需要止痛药物的治疗。生产实践中，断喙、剪冠、去趾和阉割会引起家禽急性疼痛。长途运输或屠宰对动物的损害也很大，急性疼痛如果不及时治疗很容易发展成为一种慢性疾病。慢性疼痛多由顽固的慢性疾病或机体的免疫神经系统异常所致，疼痛持续时间长，生产性能和经济效益低下。跛行是最常见的影响家禽的慢性疾病，临床上多表现为行动迟缓、关节肿大、长期俯卧。肉鸡生长速度过快造成骨骼变形，关节积水，严重影响行走能力（图1-5）。

（三）生物学需求

　　生物学需求是动物为获取特定资源的生物学表现（Broom and Johnson, 1993）。生物学需求包括两个方面，一是生存所必需的生物学需求，如充足的食物和清洁的饮水；二是特殊生理阶段或时期的生物学需求，例如，母鸡的筑巢和抱窝。

　　生物学需求的重要性可以通过这些需求在得不到满足时表现出的异常生理现象和行为得到确认。例如，家禽在缺乏蛋白质时会表现出生产性能或者繁殖性能下降，在缺乏微量元素时会表现出异食癖，笼养蛋鸡在环境贫乏时会表现出啄癖等等。通过生理测定和行为

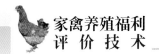

分析的方法，可以定量地描述这些生物学需求的重要性。例如，频繁出现的某一种行为表明了其需要的程度。例如，在生产中频繁地观测到鸡只热喘息现象（图1-6），则证明鸡舍内温度偏高；如果鸡只频繁出现惊群时的叫声，则提示鸡舍内有老鼠或其它异常问题。

图1-6　夏季高温造成鸡的热喘息

当动物的生物学需求不能得到满足或受到限制时，就可能出现异常的行为和生理反应。例如，出现营养缺乏症、异常行为如刻板行为、啄癖等。在现代家禽生产设施中，家禽的部分行为或生理学需求难以得到满足，例如，沙浴和筑巢行为。这些行为模式受大脑的神经调控，这些行为的限制是否会影响到蛋鸡的神经内分泌功能并影响到其产蛋性能的维持还需要进一步研究（图1-7）。

图1-7　户外散放饲养的鸡正常表达其行为

（四）动物应激

当今绝大多数集约化家禽生产系统中的饲养条件和管理模式都不可避免地给家禽带来各种应激（图1-8）。例如，鸡群饲养密度高，活动空间小，自然行为不能很好地表达，导致身体和心理的应激增加；饲养人员造成的惊吓和驱赶；抽检、抓捕和免疫注射等。研究发现，人与动物近距离接触而引起的恐惧、害怕，不仅影响动物的生产性能，使生长和繁殖能力下降，还损害动物的福利，引起刻板行为的增加和免疫抑制（Hemsworth and Goleman, 1998）。

家禽生产中主要的应激现象

- 管理应激：免疫、断喙、换料、消毒、运输、转群、扩群、抓捕等
- 环境应激：高温、拥挤、争斗、惊吓、噪声、有害气体与通风不良、光照过强、霉菌毒素、重金属污染等

图 1-8 家禽生产中的主要应激现象

1. 应激概念

应激（stress）这一概念首先由加拿大学者 Selye 提出，Selye（1936）首先观察到生物个体对一系列有害刺激（包括温度、电离辐射、精神刺激、过度疲劳、中毒等）的定型反应。这种定型反应并未因刺激源的不同而改变。Selye 将这种反应称为"全身适应综合征"(general adaptation syndrome)，后改称为应激，并将之划分为 3 个阶段：警戒阶段或动员阶段（alarm reaction）、抵抗或适应阶段（stage of resistance or adaptation）和衰竭阶段（stage of exhaustion），动物在应激过程产生适应或者不能适应而衰竭、死亡。在 Selye 的应激概念中应激反应被定义为机体在受到内外刺激所产生的非特异性应答反应。随着对应激现象的广泛研究，对应激生物学认识的逐渐深入，研究发现，并非不同的应激均会引起完全相同的非特异性反应。目前，广泛接受的应激定义为：当机体内环境稳态受到威胁或扰乱时，机体为维持产生新的稳态而针对应激源所产生的特异性和非特异性反应。

动物在受到刺激时总是表现出特异性和非特异性的适应性反应。特异性的反应是指在特定条件下激发的与该刺激性质有关的特异的反应，如对温热环境作出的出汗、体表血管扩张、热性喘息等反应；而非特异性反应则是指机体以一种普遍性的方式进入应激状态，它与刺激源无关，例如，下丘脑–垂体–肾上腺（HPA）轴激发、免疫器官萎缩等现象。Siegel（1995）指出这两种调节过程并不是相互独立的，它们可以同时发生，一者可以对另一者产生影响，并且它们都受机体遗传潜力的限制。

近年来，随着对应激生物学的认识不断深入，发现原有的应激理论对于慢性应激反应缺乏有效的解释。McEwen（1998）在前人研究的基础上提出"非稳态荷载（allostatic load）"的概念。环境刺激是否会成为不同动物个体的应激源，取决于两个方面，一是个体对环境的认知方式，二是机体的生理状态（表 1-1）。动物机体的衡稳机制包括结构和功能上的变化，使动物个体能够在变化的环境条件下维持其生理与行为上的稳定。非稳态（allostate）是指机体偏离自身稳态的程度，而非稳态负荷则是指机体通过调整达到稳态

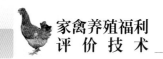

所做出的反应。

尽管应激的定义尚在不断充实和完善中，但是应激反应的发动和维持，均依赖于机体的神经与内分泌调节。应激可改变激素对动物新陈代谢、繁殖、生长发育和免疫功能的控制。动物对应激的适应其实质是一系列影响机体生长发育和健康的神经、内分泌（激素之间交互效应）的综合反应（Wang et al., 2013）。

表 1-1　应激反应与结果

环境因素的刺激强度	轻度	中度	重度
家禽的感知	感觉不到	应激	重度应激
家禽的反应	无反应	生理反应	病理反应
应激反应的后果	无影响	产生适应	出现异常

2. 应激反应

应激反应的实质是生理平衡的破坏与恢复过程，应激反应涉及神经系统、内分泌系统及免疫系统的一系列的活动。应激反应是生理平衡的破坏与恢复过程，这一过程的实现主要是依赖于交感神经系统与 HPA 轴的激活，并涉及一系列内分泌的调整。与哺乳动物所不同，禽类的肾上腺中皮质与髓质细胞之间并无明显界限，分泌肾上腺素与去甲肾上腺素的嗜铬细胞簇，分布于分别分泌醛固酮与皮质酮激素的两种皮质细胞中。这种特殊的组织学结构决定了 HPA 轴与 ANS 通过旁分泌作用而产生互作（图 1-9）。

下丘脑通过释放促肾上腺皮质激素释放激素（CRH）控制垂体前叶分泌促肾上腺皮质激素（ACTH），而 ACTH 的释放促进了肾上腺皮质分泌糖皮质激素（又称为应激激素）。糖皮质激素作为 HPA 轴中重要的末端调节因子，控制机体的动态平衡，引起机体对应激的应答反应。同时糖皮质激素能调控 HPA 轴的活性，"负反馈"作用于下丘脑、垂体，终止动物机体对应激的反应应答。

动物处于应激状态时，肾上腺髓质部大量分泌儿茶酚胺类激素，包括肾上腺素和去甲肾上腺素，儿茶酚胺类激素的分泌较为迅速，且其反应时间亦较为短暂，在生理条件的浓度下主要作用于肌肉和脂肪组织，在生化途径上通过使腺苷酸环化酶活化而增加靶组织细胞内 cAMP 的浓度，cAMP 激活蛋白激酶，后者则活化磷酸化酶，促进糖原的分解和脂肪组织的分解代谢，使血糖升高，血液中游离脂肪酸 (FFA) 升高，为"战斗或逃跑"做好能量准备。在生理上主要引起心率加快，血压升高，外周

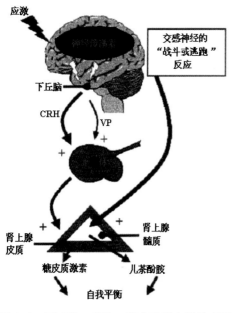

图 1-9　下丘脑 - 垂体 - 肾上腺反应轴模式图

血管收缩等生理变化。

　　肾上腺皮质部对于应激的反应慢于髓质部，肾上腺皮质激素的分泌主要是通过下丘脑—垂体—肾上腺皮质部轴将应激源的刺激经由 CRF（促肾上腺皮质激素释放因子）→ ACTH（促肾上腺皮质激素）逐级放大传至肾上腺皮质。肾上腺皮质激素作用的生化途径是通过合成出诱导酶而起作用。激素首先作用于细胞核，在核内将有关基因激活，转录出mRNA，再产生诱导酶，从而调控代谢过程或生理功能。皮质酮的释放可促进糖异生活动，使血糖升高，促进体内蛋白质的降解，从而使非蛋白氮含量升高，尿酸排出增多。当应激时间较长时，皮质酮的大量分泌，会导致血液中淋巴细胞和嗜酸性白细胞的减少，引起淋巴器官的萎缩，抑制细胞免疫，降低对某些疾病的抵抗力。糖皮质激素（GC）的分泌主要受促肾上腺皮质激素（ACTH）的调节，皮质酮的负反馈作用存在于 HPA 轴的各级水平上。应激对 HPA 轴和 ANS 的激发造成的后果是：食欲降低，合成代谢抑制，胃肠道活动抑制，繁殖性能下降，免疫功能抑制，痛觉反应抑制；导致呼吸与心血管系统紧张，心律、血压升高，并对全身血液进行重新分配。

　　应激时 GCs 大量释放导致甲状腺轴在各个水平上功能的改变，包括甲状腺素的合成与分泌、外周组织脱碘产生其活性形式三碘甲腺原氨酸（T3）的过程以及细胞核 T3 受体的表达，甲状腺合成与分泌的抑制可使机体节省能源。应激改变生长激素（GH）的分泌，GH 的升高可制约胰岛素的作用，从而使机体将更多的能量用于生存。GC 的调控作用与其在血液循环中的浓度、靶组织中 GC 受体数量有关，此外还受细胞内 GC 代谢状态的影响（图 1-10）。

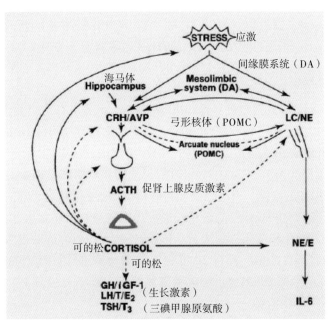

图 1-10　应激反应系统示意图
（引自 Tsigos and Chrousos, 2002）

第二节　福利现状

　　饲养环境、应激、生产管理措施、传染性疾病、动物源食品安全等一系列与家禽福利高度相关的问题已经成为全球畜牧业可持续发展中亟待解决的主要矛盾。为了根本上解决这些问题，人们开始关注饲养、运输和屠宰阶段的动物的生物学需求以及集约化饲养模式带来的福利问题。欧美等发达国家制定了家禽福利法律或条例，并围绕家禽的生物学需要开展了大量的研究。

一、国外动物福利现状

1. 动物福利国际组织

　　随着人们对动物产品安全的忧虑逐渐增多，一些国际组织和政府机构开始推动动物福利的发展，动物福利在国际上得到了普遍关注。近年来，世界动物卫生组织（OIE）、联合国粮农组织（FAO）、世界贸易组织（WTO）、世界兽医协会（WVA）、世界动物保护协会（WSPA）等国际组织在部分发达国家的倡导下参与了有关动物福利的工作，制定了相应的标准或准则。

2. 动物福利相关法律法规

　　动物福利概念最早起源于英国，英国也是动物福利标准最高的国家之一。早在1596年，英国切斯特郡就制定了关于禁止斗熊的禁令。1822年，英国议会接受理查德·马丁提出的《反虐待牲畜法案》，即著名的马丁法案，成为动物保护历史上的一座里程碑，根据该法案，虐待牲畜的行为都将受到惩罚。此后英国又先后制定了《禁止残酷对待动物法》《科学试验动物法》《饲养买卖宠物狗的法律》《动物福利法》等一系列关于保证或提高动物福利待遇的法律。

　　以英国的《马丁法案》为契机，自19世纪开始，西方各国先后在动物保护和福利领域展开了立法探索。在美国，1866年通过了《禁止残酷虐待动物法》，1958年通过了《人道屠宰法》，要求牲畜屠宰场禁止虐待动物，减少屠宰前的痛苦，1966年通过了《动物福利法》，该法经过了多次修订，于1999年改为《动物和动物产品法》。目前美国所有的州都设立了关于动物保护的法律，有些州甚至将虐待动物行为定性为严重犯罪并加以量刑。

　　此外，随着经济的发展和社会的进步，亚洲国家在动物福利立法方面也取得了一定的进展，如新加坡的《牲畜和鸟类福利法》、香港的《防止残酷虐待动物法》，另外印度、韩国、泰国、日本和我国台湾地区都在20世纪末期完成了动物保护方面的立法。目前，世界上超过100多个国家和地区出台了有关动物保护的立法。

3. 家禽福利相关法律法规

　　家禽饲养中的福利问题早在30多年前就有北欧一些国家提出，最早是集中于对笼养蛋鸡的关注。随着动物福利运动的发展和作为市场销售的策略，也逐渐发展到肉鸡。欧盟与欧洲委员会在制定动物福利法律时起到了重要的作用。欧洲委员会的各种与动物福利有关的条约已得到了欧盟成员国及欧盟以外国家的批准，这些条约建立的对待动物的标准将被融入欧洲委员会中所有国家的法律中。欧盟的法律包括指令（directive）、规章（regulation）和决定（decision）。在最近一新的专门关于动物福利的草案（阿姆斯特丹协议）中提出"……希望将动物作为有感知力的生命而保证对其福利的保护和尊重，在制定和实施欧盟的农业、运输、内部贸易和研究政策时，欧盟和其成员国在尊重宗教习俗、文化传统和地域性遗产的同时应高度关注动物的福利需求"。上述法令界定了在欧洲建立与发展新型动物生产系统或生产体系的伦理框架。

欧盟于1999年7月颁布了关于蛋鸡生产方式的指令《关于拟定保护蛋鸡的最低标准的理事会指令》（1999/74/EC）。该指令要求自2003年至2012年，将逐步取缔传统的"集中笼养"蛋鸡饲养模式，自2012年1月1日起禁止使用传统笼养模式。蛋鸡饲养模式须替代为环境富集型笼养（Enriched cage）、大笼（aviary system）或散放饲养系统（free-range system）。对于肉鸡生产，欧盟委员会2007年颁布了《关于拟定保护肉用家禽的最低标准的理事会指令》（2007/43/EC），规定了肉鸡饲养的最低密度等。

英国防止虐待动物协会（RSPCA）根据欧盟、英国政府相关的立法，参考了动物福利组织（FAWC）的相关建议和养禽生产实际情况，提出了《RSPCA家禽福利标准》（2011），其内容涵盖了饲料与饮水、鸡舍环境、饲养模式、饲养管理、健康、运输、屠宰等方面（图1-11）。

图1-11　RSPCA家禽福利标准

二、我国家禽福利现状

我国在家禽福利领域相对滞后于欧美发达国家，包括在家禽福利科学方面的研究滞后、家禽福利评价标准缺失、相关法律不健全和对家禽福利认知度低等方面。以上问题的关键是对家禽福利的认识存在误区，误将动物权利与动物福利混为一谈。在家禽生产中忽

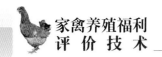

视其生物学需求，忽略了影响家禽健康状态和生产性能的福利因素。开展家禽福利方面的研究与技术研发，一方面可以为改善家禽的生产环境、提高家禽生产性能和健康状态服务，另一方面可以为新型养殖设施设备研发提供依据，最终为实现家禽健康养殖、保障肉蛋产品安全提供技术支撑。

1. 家禽养殖的福利标准较少

我国涉及畜禽生产的法律主要有《中华人民共和国动物防疫法》和《中华人民共和国畜牧法》。在这些法律法规中均涉及对动物的需求、防疫治疗、畜舍设备等福利问题的关注。例如，《中华人民共和国动物防疫法》第二章第十七条规定：从事动物饲养、屠宰、经营、隔离、运输以及动物产品生产、经营、加工、贮藏等活动的单位和个人，应当依照本法和国务院兽医主管部门的规定，做好免疫、消毒等动物疫病预防工作（图1-12，图1-13）。第十九条规定：动物饲养场（养殖小区）和隔离场所、动物屠宰加工场所以及动物和动物产品无害化处理场所，应有相应的污水、污物、病死动物、染疫动物产品的无害化处理设施设备和清洗消毒设施设备；应有动物防疫技术服务人员。《中华人民共和国畜牧法》第四十二条规定：畜禽养殖场应当为其饲养的畜禽提供适当的繁殖条件和生存、生长环境。这些法规为后期有针对性地制定家禽生产中的保护立法提供了法律支撑。

图1-12 恶劣的运输环境

图1-13 散养鸡销售笼

2. 家禽养殖的福利认知不足

家禽福利的认知取决于生产者、饲养管理技术人员、消费者和舆论对家禽福利的关注度，采取有效的福利措施是改善家禽福利的有效手段。畜牧兽医工作者应当提高自身对家禽福利的认知，作为家禽福利的主要研究者、应用和宣传者有责任增强对家禽福利的认识，充分认识改善家禽福利水平是提高家禽健康和生产水平的技术措施，是研制新型养殖设施设备和开展环境控制的评价依据，是生产优质、安全畜产品的技术保证。

国内学者开展的关于动物福利认知度的调查问卷显示，63.5%民众对动物福利不知道或不了解（赵英杰和贾竞波，2009），说明动物福利在我国还是新鲜事物，有必要加强动物福利宣传力度，尤其是科研院所的教师学生和企事业单位工作人员。2011年民政部批准成立中国兽医协会动物卫生服务与福利分会，标志着我国在动物福利行业组织领域迈出了重要一步。

反映家禽福利状态的测定指标和方法是一直存在的难点问题。从神经生理学、神经解剖学角度看，家禽和人类有相似的生物学特性，可以感受到疼痛，也具有情感的表达。家禽的精神或心理状态（焦躁、悲伤和痛苦等）还没有准确可靠的评价手段进行直接的监测，只能通过动物的临床表现及行为方式，并以人的感觉经历进行推断。这不利于科学合理的制定家禽福利标准，也难以对家禽饲养设施设备的合理性进行科学的评估。目前，家禽福利优劣的评价方法主要是依据生产性能、疾病、生理和行为等指标。

对家禽福利水平的评估方法包括直接观测法、主观评定和生理指标测定等。直接观测法，如采食量、日增重、皮肤损伤、跛行，这种评估方法较为客观。生理功能评定则包括对机体损伤、生理状态与偏好、对特定环境适宜性等的测定。此外，有时还需对家禽的福利状态进行主观评价，如对痛苦程度的评价需要借助适宜的量化模型进行估测（Lawrence，2008）。采用多种评价方法同时评价，能更全面、更准确的了解动物的福利状态（Bateson，2004）。

但是，以上评估方法存在的主要问题是缺乏统一的标准，主要原因在于一是缺乏对家禽福利的统一认识；二是家禽福利缺乏标准；三是家禽福利涉及多个学科，各学科的评价角度不同，缺乏统一性和一致性（顾招兵等，2011）。

建立简单易行的家禽福利评价方法，可以为家禽养殖、运输和屠宰过程中存在的生产问题进行规范化的评价，为产业界提供统一的可操作规范，为改进、提升家禽养殖技术提供理论依据，为养殖、屠宰企业提供改善家禽福利的有效措施，具有重要的理论和现实意义。

3.家禽养殖的福利研究滞后

在家禽生产实践中，环境应激普遍存在，也受到生产管理人员重视。但是，在应激源的控制方面却缺乏有效地认识和控制方式。例如，对家禽生产状态的判断主要是依赖于对生产性能的观察和发病后症状的观测，忽视了对家禽行为、生理和神经内分泌等方面变化的科学认知，无法对生产管理中存在的问题进行深入的分析并提出有效的技术措施。家禽福利科学研究涉及生理、营养、神经内分泌、行为及工程技术等多个学科，需要各学科研究团队的协同攻关。例如，肉鸡饲养密度影响到肉鸡的生长速率和腿病的发生，饲养密度与肉鸡群体大小、饲养方式（地面饲养、网上饲养、垫料饲养或笼养等）、公母是否分群、采食与饮水面积等方面均有密切的关系（Zhao et al., 2012, 2013; Jiao et al., 2013）。Sun等（2012）的研究表明，饲养密度还会影响到肉鸡的营养需要量。因此，开展家禽福利领域的相关研究是实现我国家禽生产技术升级换代的重要技术支撑。

4.家禽养殖的福利技术缺乏

集约化家禽养殖模式中注重追求经济利益，降低饲养成本，把家禽当做"生产机器"，从而忽略了家禽的生物学需求，导致一系列的应激问题，造成抵抗力下降，环境易感性增加，严重影响其生产力和健康水平（图1-14）。迫使人们大量使用抗生素来提高家禽生产性能和抗病力，以控制家禽的发病率和死亡率。长此以往，造成病原微生物抗药性提高，形成了抗生素滥用和病原微生物耐药性提高的恶性循环怪圈。使得禽产品品质下降，药物

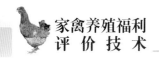
残留问题突出，食品安全性和环境污染等问题涌现，危及消费者的健康。

图 1-14 拥挤的肉鸡饲养环境

目前我国家禽最常用的运输方式是公路运输，在运输途中，由于受到温度、湿度、运输时间、运输密度等因素的影响，家禽易产生应激，导致机体损伤，甚至造成大批量死亡，给养殖企业带来损失（图 1-15）。我国家禽屠宰主要有两种方法，一种是传统方法，即采用分散的小规模个体屠宰，常见于农村农户自宰；另一种是现代化屠宰场大规模集中屠宰。目前，政府定点屠宰生猪已经达到了 90% 以上，但是家禽的定点屠宰还不尽如人意。个体屠宰存在很多问题：一是屠宰过程中易引起应激反应；二是个体屠宰大多在室外露天进行，卫生条件无法保证，在刺杀、放血、分割过程中容易被污染。同时，个体屠宰难于管理，动物检疫无法监管到位，禽产品质量得不到保证，而家禽福利更是无从谈起。

图 1-15 家禽密集运输易产生应激

第二章　家禽福利评价体系

家禽福利状态的好坏直接关系到家禽和消费者的健康，因此，有必要对家禽的饲养、运输、屠宰环节的福利、健康和管理水平进行客观的评价。评价指标的选择既要有科学依据，又要可用于生产实践。每个指标的选择都是人为根据评价目标而设定，因此，在家禽福利的评价体系中，主观评价和客观评价共存，只能通过不断完善评价指标体系尽量做到客观评价。近年来，国外学者已经开发出多种科学方法来评估家禽福利，主要是应用行为和生理指标评价家禽适应饲养环境的能力（Fraser and Broom, 1990）。

第一节　体系概述

饲养、运输和屠宰阶段的福利评估越来越多地被应用于家禽生产实践操作方法和措施的改进（Rushen, 1991）。家禽福利关注的焦点主要在于福利较低的生产系统，其既无法满足家禽的生理和行为要求，也会给家禽带来疾患和痛苦，进而影响生产性能和禽产品品质。评价饲养阶段家禽福利好坏的指标包括：饲料、饮水、鸡舍环境、疾病诊疗、损伤、自然行为表达、精神状态、人鸡关系等方面，而屠宰环节家禽福利状态的决定因素有宰前处置、屠宰设备、有效击晕和放血方法等。

目前，还没有普遍认可的全面反映家禽福利状况的评价体系。20世纪末期，欧美发达国家针对不同的家禽，依据不同的家禽福利指标，建立了多种家禽福利评价体系，主要分为四大类，分别是：家禽需求指数评价体系，如 TGI-35 体系、TGI-200 体系；基于临床观察及生产指标的因素分析评价体系；禽舍饲养基础设施及系统评价体系；危害分析与关键控制点评价体系，详见表 2-1。

表 2-1　家禽福利评价体系

方法/项目名	家禽种类	特点	评估目的	评价结果	项目状态	国家
TGI-35 体系	蛋鸡	家禽福利评价指标体系	评估有机农场福利	福利分数	已在立法中实现	澳大利亚
TGI 200 体系	蛋鸡	家禽福利评价指标体系	有机农场福利的认证咨询工具	福利分数	已完成研究	德国
蛋鸡多层笼舍免除项目	蛋鸡	逐步淘汰多层鸡笼	评估农场	福利分数	已完成	瑞典
蛋鸡舍系统评价	蛋鸡	新鸡舍测试	评价鸡舍系统	最终报告包括福利	已完成研究	瑞典

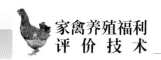

一、评价指标

判定家禽福利优劣的指标主要有疾病、损伤、行为和生理指标等。多年来国际通用的做法是利用生理和行为指标评价家禽的福利状况，这两类指标非常有用，但利用行为指标评价时结果带有一定主观性和不确定性，使用生理指标评价时收集数据则需要非常慎重，以免测定过程造成二次应激，导致结果不准确。受伤和患病的家禽福利要比健康的家禽差，影响程度从轻微到严重不等，因此也可以从疾病预防和控制的角度评价家禽福利。

1. 疾病

疾病会导致家禽的福利低下，有些疾病甚至引起家禽死亡，所以评价家禽疾病的方法对家禽福利研究特别重要。疾病的重要性不但取决于疾病的发生率或死亡率，还取决于疾病的持续时间和患病家禽体验的疼痛或不适宜的程度。当评价饲养阶段家禽福利时，传染病的发病率和死亡率是重要的评价指标。

在考虑舍饲环境与家禽福利的关系时，与生产相关的疾病对家禽福利的影响较大，主要的疾病有腿病、关节病、肾病、生殖系统疾病、心血管系统疾病、呼吸系统疾病、消化系统疾病等（图2-1）。在每种病例中，对疾病的严重性进行临床观察和分析，再结合该病发生的频率和严重程度对家禽福利进行评价。

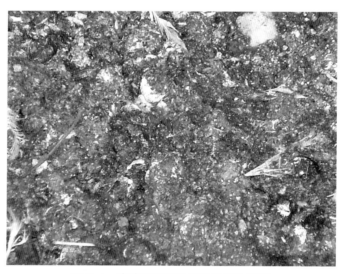

图 2-1　肉鸡消化不良导致的病态粪便

2. 生理指标

家禽的生理指标如体温、呼吸频率、血液代谢指标（血糖、尿酸、谷丙转氨酶、乳酸脱氢酶）、抗体水平和激素水平（如皮质酮等）能够部分地反映出机体生理与代谢状态。

当家禽受到有害的应激刺激时，肾上腺皮质的反应对评价家禽福利很有用。绝大多数家禽血液中肾上腺皮质激素水平明显升高大约需要2分钟，5~20分钟升到最高峰，然后15~40分钟后开始下降，数据变化越大，说明应激水平越高。短期内的应激影响很容易评价出来，测量血液总的肾上腺皮质激素水平即可。另外，肾上腺皮质激素具有节律变化，所以，肾上腺皮质激素的分泌呈现脉冲性或间断性。评价舍饲环境对家禽福利的影响时，为不使肾上腺皮质激素的波动性影响试验结果，细致的取样过程是必须的，因此，尽快采取血液样本十分必要，这样可以避免取样对家禽的干扰造成结果不准确。儿茶酚胺类物质同样可以反映应激反应的程度，去甲肾上腺素和肾上腺素在家禽感觉到刺激的1~2秒钟即可释放，所以，这两类激素的取样难度要远远高于皮质酮类激素，去甲肾上腺素和肾上腺素的测量很难用于评价应激反应，然而最新的研究显示合成儿茶酚胺类物质的酶可以用于实际测量。

但是，在分析生理指标的变化时需要注意相关的影响因素。例如，求爱行为、交配、追捕甚至养育行为都与肾上腺皮质激素有关，因此，肾上腺皮质激素水平的升高并不能代表它们的福利很差或者遇到了强烈的刺激，必须谨慎看待此类激素的升高。测量各种激素水平时还应该考虑应激反应的持续时间和不同刺激的反应程度的变化。

3. 行为指标

家禽行为是最容易观察到的家禽应对环境变化的反应，目前，有很多行为指标可以用来评价家禽福利（图2-2，2-3）。

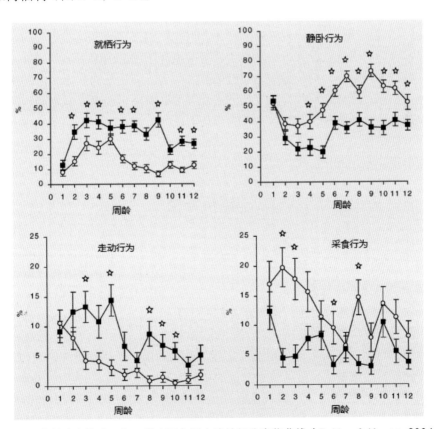

图2-2 生长速度快（○）、慢（■）型肉鸡的行为变化曲线（Bokker & Koene, 2004）

图 2-3　家禽沙浴与抱窝行为

通常可以采用偏爱性测试、厌恶测试、限制行为表现测试等方法，测量家禽为满足某种需求付出努力的程度、对厌恶刺激的反应程度以及环境受限时表现出的异常行为。偏爱性测定需要给予家禽充分的自由，但实验结果只能提供福利问题的相对信息和实验信息的相对结果。直接针对家禽特定福利问题开展偏爱性测定是非常有用方法，如雏鸡选择与机体适宜温度相吻合的环境，但在某些情况下，家禽可能不表现出任何反应。另外，测量家禽对厌恶刺激的反应程度是否能够评价家禽福利还不能确定。

家禽受到环境限制时无法表现其自然行为，但它们仍存在表现这些行为的冲动，如此则会导致异常行为的出现。异常行为是异于常规的或异于种群内绝大多数表现的行为，如采食异常、性行为异常等。刻板行为是典型的异常行为，即反复的、无目的的机械性的重复某一姿势或动作。测量刻板行为发生的频率和强度，有助于明确家禽福利与禽舍环境的关系，当家禽长期受到限制，刻板行为就会出现。刻板行为是家禽福利差的主要行为表现之一。例如，在肉种鸡养育过程，为控制体重而采取限饲，常常导致啄食槽或饮水器乳头等刻板行为出现。

二、评价方法

科学评估家禽福利要考虑多种因素，没有一种方法是完美的，需采用不同方法综合评价家禽福利。以下分别介绍了以家禽、生产者、消费者为基础的家禽福利评价方法。

1. 以家禽为基础的评价方法

现代畜牧兽医科学能够提供许多与家禽福利水平相关的重要指标及其参数。由于影响家禽福利状态的因素众多，因此准确评估家禽的福利水平，需要确定影响家禽福利的众多指标及其参数，根据这些参数进行定性或定量评价。目前，产蛋率下降、免疫机能下降、皮质酮和催乳素的变化被认为可反映家禽低的福利水平。这些指标的测定虽然简单，但这些指标之间并无协同性变化，其相对重要性也很难确定，因此很难得出准确的结论。同时，伤害性刺激的类型、时间和持续期以及家禽的种类、性别和生理状态都可能会影响家禽对相同刺激的反应，在不同时间点测量以及品种和个体之间也存在着差异，所以这些因素使评价家禽的福利变得十分困难。

行为参数可以用来评价家禽的福利水平，如刻板行为的发生。这些行为大多通过监控摄像头进行远距离观察，记录各种行为的发生频率。以家禽为基础的评价方法会受到诸多限制，需要使用者仔细的设计实验才能得到各种家禽生产条件下的福利状态的有效结果，对所有结果进一步分析后可增强该研究的价值。

2. 以生产为基础的评价方法

饲养环境和管理措施对家禽的福利、生产和健康有重要影响，以生产为基础的评价方法是测量家禽福利水平最实用的方法。

英国农业渔业和食品部基于不同生产系统的家禽生产，提出了以下几个评价指标：管理、鸡舍环境、鸡舍空间、饮食、疾病预防、疾病治疗和兽医操作，但没有给定这些指标的量化测定方法，只根据以下情况分为四类：完全遵守法律和生产指南为 A 类；完全遵守法律但不遵守生产指南的为 B 类；不遵守法律的为 C 类；引起家禽不必要痛苦为 D 类。《畜禽福利标准政策的经济评估：基础研究和框架发展》所用的指标多与畜禽行为、疾病状态和生产性能有关，评分采用百分制，根据每一项指标对动物福利总体水平的相对重要性进行加权，具有一定的可操作性。

以生产为基础评价家禽福利水平方法其弊端在于包含了过多的主观因素在里面。这一评价方法需要与相关生理测定数据、家禽健康与疾病发病率结合起来考虑。

3. 以消费者为基础的评价方法

家禽福利问题不仅是畜牧兽医科学领域的问题，还受到消费者的影响。在消费者看来，家禽福利意味着自由放养的禽蛋或有机鸡肉，还包括一些隐含的信息，如生态环境保护、家禽业可持续发展和食品安全等。

以消费者为基础的评价方法采用调查问卷的方式，询问消费者对于贴有动物福利标签的禽蛋和鸡肉是否认同，即可得出评价结果，同时将数据反馈给生产者，从而实施改善家禽福利的措施，扩大经济利益。但这种方法存在一些问题，消费者对家禽福利的了解有限，可能与实际的生产实践脱钩，造成结果的差异。理论上，可以通过向消费者提供关于各种生产系统中的家禽福利问题的精准的科学信息，但并不是所有消费者都能够理解，从而做出正确的评价选择。总之，此类方法多见于测量人类对某一事物的看法，因此用来测量家禽福利水平是会受到限制的。

第二节　体系构建

家禽福利评价指标体系是一个复杂的涉及多种家禽、多种指标、多种评价方法的系统研究，建立一个符合所有家禽的福利评价指标体系是不现实的。本书以肉鸡和蛋鸡为主要研究对象，初步构建家禽福利饲养、运输和屠宰环节的福利评价指标体系，这是一次有益的尝试，具有重要的现实意义。

家禽福利评价研究在国内还处于起步阶段，相关研究成果较少，而国外的家禽福利评

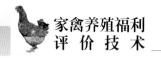
价体系大多不适用于国内的畜牧业实际生产，因此建立具有科学性、可操作性和符合我国国情的评价指标体系就显得尤为重要，只有这样才能有效提高家禽福利水平。

本书通过对国外家禽福利评价体系及其影响要素的分析，在资料调研、专家咨询和归纳总结已有研究成果的基础上，利用层次分析法（Analytic Hierarch Process，简称AHP）建立评价指标体系，采用德尔菲法（Delphi Method，简称 Delphi 法）对标准层和指标层的相关指标赋予分值，建立比较判断矩阵，通过 MATLAB（Matrix Laboratory）软件运算矩阵，计算出各层指标与标准层相对优劣的排序权值，最后根据总体排序权值，逐级汇总计算原则得分，划分福利等级。

家禽福利评价指标体系以饲养、运输和屠宰环节为目标，由目标层、原则层、标准层和指标层四个层级构成。其中，原则层有4项，标准层有12项。根据不同家禽的生物学习性，每个标准下设不同数量的评价指标。评价指标的选择基于"宜少不宜多"、"宜集中不宜分散"的明确原则，且具有科学性、可操作性和实用性的特点。评价指标的选择从动物、管理和设施角度反映了家禽从"出生"到"出栏"（或淘汰）过程面临的主要福利问题。

一、构建原则

1. 系统性原则

家禽福利评价体系是一个复杂的系统，包含目标层、原则层、标准层、指标层4个层面。评价体系下的指标之间需要具有很强的逻辑性，而不是评价指标的堆积，要坚持整体原则，对饲喂、鸡舍环境、疾病防控、行为、人鸡关系、宰前处置、击晕、放血等标准进行综合研究。

2. 全面性原则

家禽福利评价体系需要涵盖主要的家禽种类，并根据不同家禽的习性采用不同的评价指标，在标准层建立一个家禽都适用的评价体系。在标准层下，针对不同家禽，采取不同的评价方法。

3. 科学性原则

家禽福利评价体系必须建立在相关分支学科的研究基础上，要求各项指标定义明确、计算方便，要有理有据，不能挑选没有实际意义的指标，而应是经反复确认的、主要的、关键性的指标，指标数据还需要有科学的统计计算方法，同时要结合必要的实际生产考察，力争全面客观地反映家禽福利状况，得出科学的结论。

4. 可操作性原则

家禽福利评价研究是为了找出养殖场和屠宰场的主要福利问题，以期改善家禽福利水平，提高生产性能，保障禽产品安全。因此，构建的指标在实际生产中需要有很强的可操作性，尽可能选取一些有代表性的、从业人员熟悉的、容易获取的指标。

5. 定性与定量分析相结合原则

家禽福利评价指标体系是一个复杂的系统工作，每一个指标的设定都有科学依据，但家禽福利的评价不可能做到完全客观，只有采用主观与客观相结合，定性与定量相结合的方法，才能更加全面的反应家禽福利水平。

二、家禽福利评价指标体系框架的建立

家禽福利评价研究的关键是科学合理地选择指标，对评价指标进行筛选应建立在家禽福利科学的基础理论研究上，要全面考虑构建家禽福利体系的诸多原则，还要考虑不同家禽习性的差异和生产实践中评价可操作性，根据生产实际情况确定指标的分值，力求各项指标能够准确反应农场动物的真实福利状态。因此，指标的选择应科学、谨慎，"宜少不宜多"，"宜集中不宜分散"的明确原则。

基于家禽福利评价体系构建原则，参考国内外大量的文献资料，在借鉴国外相关研究成果的基础上，结合专家咨询，深入养殖和屠宰企业，征求管理人员和兽医的意见和建议，进而对评价指标调整，最终确定了以饲喂条件 - 养殖设施 - 健康状态 - 行为模式 4个原则为基础的饲养、运输和屠宰阶段家禽福利评价指标体系，全面构建了家禽福利评价指标体系的总体框架，详见表 2-2。

家禽福利评价指标体系按其属性和关系分为 4 个层次：

第一层次为目标层，家禽福利评价研究的预定目标和理想结果。

第二层次为原则层，实现家禽福利目标需要考虑的原则，即目标层的主要影响因素。

第三层次为标准层，标准层是依据原则层的具体分类。

第四层次为指标层，即评价标准层每个因素的具体指标。

表 2-2　家禽福利评价指标体系框架

目标层	原则层	标准层	指标层
饲养、运输、屠宰环节家禽福利评价	良好的饲喂条件	1 无饲料缺乏	料位、禁食时间、瘦弱率
		2 无饮水缺乏	饮水面积、禁水时间
	良好的养殖设施	3 栖息舒适	羽毛清洁度、垫料质量、防尘单测试、栖架类型与有效长度、红螨感染率
		4 温度舒适	热喘息频率、冷颤频率、运输箱或待宰栏内的喘息频率
		5 活动舒适	饲养密度、运输密度、漏缝地面
	良好的健康状态	6 体表无损伤	胸囊肿、跛行、跗关节损伤、脚垫皮炎、鸡翅损伤、擦伤、龙骨畸形、皮肤损伤、脚趾损伤
		7 没有疾病	养殖场死淘率、运输死亡率、腹水症、脱水症、败血症、肝炎、心包炎、脓肿、嗉囊肿大、眼病、呼吸道感染、肠炎、寄生虫、鸡冠异常
		8 没有人为伤害	断喙、宰前击晕惊吓、宰前击晕效果
	恰当的行为模式	9 社会行为表达	打斗行为、羽毛损伤、冠部啄伤
		10 其他行为表达	室外掩蔽物、放养自由度、产蛋箱的使用、垫料的使用、环境丰富度、放养自由度、阳台（设有掩蔽物）
		11 良好的人类—鸡群关系	回避距离测试（ADT）
		12 良好的精神状态	定性行为评估（QBA）、新物体认知测试（NOT）、鸡翅振动频率

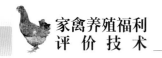

三、指标权重的确定

1. 权重的确定方法

在家禽福利评价指标体系中，由于每一个指标对福利的影响不同，所以不同层次的指标对于家禽福利这个总目标而言具有不同的权重。目前，主要通过定性和定量方法确定指标权重。主观判断评分法和德尔菲法（Delphi Method，简称Delphi法）是常见的定性方法，其中，主观判断评分法是根据专家个人经验和主观判断对各项评价指标进行分值分配的方法，这种方法往往带有片面性，结果不准确。德尔菲法也称专家调查法，将需要评价的问题以问卷的形式单独发放到评估专家手中，征求意见，填写问卷，然后回收整理出综合意见，随后再将综合意见反馈给专家，再次征求意见，各评估专家根据综合意见对自己原有的意见做适当的修改，最后再汇总。经过反复的征求意见、归纳和修改，最后得出一致看法。这种方法具有广泛代表性，较为可靠。

分析体系评估法（The Analytic Hierarchy prices，简称AHP）是一种多属性决策分析判断方法，由Satty创立，综合研究者的主观判断，结合定性和定量分析，使定量化的决策评估得以最终实现，是一种处理难以用定量方法分析的复杂问题的有效方法（Satty，1980）。分析体系评估法的基本原理是将各方法或措施排出相对于目标层的优劣次序，作为决策的依据。具体方法：分析体系评估法首先将决策的问题看作受多种因素影响的大系统，这些相互关联和制约的影响因素可以按照其优劣排成从高到低的若干层次，叫做递阶层次结构，然后请家禽生产管理和研究领域的相关专家、行业权威人士对各因素进行重要性——比较，再利用数学方法或计算机程序，对各因素层层排序，最后对排序结果进行评估，确定权重值和辅助决策。AHP法早在20世纪70年代就已经在许多领域得到应用，目前，AHP在理论应用方面得到不断地发展和完善。

2. 福利评分的计算方法

福利评分的计算方法是分层次计算福利分值。具体方法是：（1）指标层，每一项指标的权重系数乘以该项指标的评分，得到该指标的福利分值；（2）标准层，该标准层下每一项指标权重乘以相应福利分值，相加得到该标准福利得分；（3）原则层，该原则层下各项标准权重乘以相应的福利分值，相加得到该原则层福利分值；（4）目标层，该原则层福利分值乘以相应的权重，相加后得到目标层的福利分值。

3. 福利评价指标分值的确定

在家禽福利评价的四项原则中，首先考虑的是家禽健康，家禽的机体健康是安全、高效生产的前提，只有保证家禽拥有健康的体质，才能谈得上其他的福利问题。因此，健康状态的比重（权重为0.3）理应最大（表2-3）。其次，我国家禽业在环境控制方面一直存在"短板"，以致优良鸡种的生产性能不能完全发挥，优质饲料的营养价值不能充分体现，科学防疫的实际效果不能充分体现，环境控制问题已成为制约我国家禽健康养殖发展的重要因素，是保障家禽生产环境的关键。因此，家禽舍饲与环境控制设施所占比例也赋予较高的权重值（权重为0.3）。此外，良好的饲喂条件是保证家禽生产性能的另一个关键因素，饲料配合的科学全价化已经得到充分的重视，采食与饮水的充足供给是养殖场的基本要求，因此，对于饲喂条件给予的权重为0.2。最后是行为模式，行为模式是反映家禽福利水平的重要指标，在过去的生产实践中受到忽视，导致异常行为和隐含的异常生理甚至是病理状态的出现。在本评估体系中，家禽的行为被赋予0.2的权重。

表2-3 福利评价原则层指标的权重

福利原则	权重
良好的饲喂条件	0.2
良好的养殖设施	0.3
良好的健康状态	0.3
恰当的行为模式	0.2

表2-4 肉鸡福利评价标准层指标的权重

福利原则	权重	福利标准	权重
良好的饲喂条件	0.2	1 无饲料缺乏	0.4
		2 无饮水缺乏	0.6
良好的养殖设施	0.3	3 栖息舒适	0.3
		4 温度舒适	0.2
		5 活动舒适	0.5
良好的健康状态	0.3	6 体表无损伤	0.4
		7 没有疾病	0.6
恰当的行为模式	0.2	8 良好的人类-鸡群关系	0.2
		9 良好的精神状态	0.4
		10 其他行为的表达	0.4

在每项原则下，根据生理上或主观上的重要性各福利标准被赋予了不同的权重（表2-4）。例如，在"良好的饲喂条件"这一原则下，根据水与饲料对家禽的相对重要性，赋予"无饮水缺乏"以较高的权重（0.6），"无饲料缺乏"的权重则为0.4。再例如，在"良好的养殖设施"这一原则下，"活动舒适"这一标准反映了家禽的活动空间和运行能力，关系到其采食、逍遥运动等方面的能力，因此被赋予较高的权重（0.5）；栖息是家禽的生物学特性之一，反映了家禽寻求适宜的休息区域和休息方式，被认为比"温度舒适"更为重要，因此赋予的权重为0.3，而后者的权重为0.2。在"良好的健康状态"这一原则下，包含了疾病状态和体表损伤两个方面的评价，"无疾病"反映了家禽对代谢性

疾病、传染性疾病等的发病情况，在肉鸡该指标被赋予了高的权重（0.6），而体表损伤仅反映了家禽的外在损伤，因此"体表无损伤"被赋予了较低的权重（0.4）。在产蛋鸡，由于其饲养周期长，饲养过程中需要进行断喙处理等，因此在福利评估时考虑了人为伤害的评价，上述分值被分别赋予了0.5、0.3和0.2。在"恰当的行为模式"这一原则下，对于蛋鸡和肉鸡的评价标准也不同。在蛋鸡则考虑的其社会行为（争斗行为、求偶）的表达（权重0.15），其他行为的表达被赋予0.3的权重（肉鸡为0.4）；良好的精神状态与良好的人－鸡关系相比较更为重要，因此前者的权重为0.3，后者权重为0.25。

在每一项福利标准下，需要根据各具体的指标进行评分。评分方法详见后面的章节。

四、福利评分计算与等级划分

家禽福利评估遵循由细节到整体的逻辑顺序，首先，根据福利指标信息计算标准得分；然后，整合标准分数计算原则得分；最后，按照原则得分划分福利类别（图2-4）

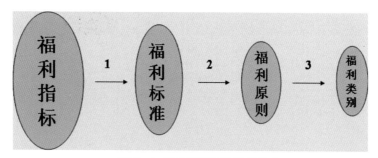

图2-4　家禽福利评价数据整合

1.评分计算

在确定福利水平评分时，首先对各福利指标层面的得分进行汇总，得到福利标准层面的得分。然后，福利标准每一层面的分数乘以相应权重，计算每一个福利原则的分数。标准评分和原则评分均采用百分制，其中，"0"分代表最坏状况（即最差的福利水平）；"50"分代表中等状况（即福利水平不好也不坏）；"100"分代表最佳状况（即最好的福利水平）。

2.等级划分

根据每一福利原则的得分乘以相应权重，计算总体福利得分。福利原则评分均采用百分制，其中，"0"分代表最坏状况（即最差的福利水平）；"50"分代表中等状况（即福利水平不好也不坏）；"100"分代表最佳状况（即最好的福利水平）。根据总体福利得分划分福利类别，家禽福利等级可分为4类：（1）优秀，即福利水平良好，总体福利得分≥85；（2）中等，即福利水平尚可，总体福利得分≥70；（3）合格，即福利水平满足最低需求；总体福利得分≥55；（4）不合格，即福利水平较差，总体福利得分<55。

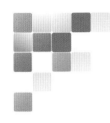

第三章 蛋鸡养殖福利评价技术

蛋鸡养殖过程的福利评价方法重点是在养殖场内进行。蛋鸡养殖的福利评价体系以饲养环节为目标，由原则层、标准层和指标层3个层级构成。其中，原则层有4项，标准层有12项，指标层有34项（表3-1）。

表 3-1 蛋鸡养殖福利评价指标体系

福利原则（权重）	福利标准（权重）	福利指标
良好的饲喂条件（0.2）	1 没有饲料缺乏（0.4）	料位
	2 没有饮水缺乏（0.6）	饮水面积
良好的养殖设施（0.3）	3 栖息舒适（0.3）	栖架类型与有效长度、红螨感染率、防尘单测试
	4 温度舒适（0.2）	热喘息频率、冷颤频率
	5 活动舒适（0.5）	饲养密度、漏缝地面
良好的健康状态（0.3）	6 体表无损伤（0.3）	龙骨畸形、皮肤损伤、脚垫皮炎、脚趾损伤
	7 没有疾病（0.5）	养殖场死亡率、养殖场淘汰率、嗉囊肿大、眼病、呼吸道感染、肠炎、寄生虫、鸡冠异常
	8 没有人为伤害（0.2）	断喙
恰当的行为模式（0.2）	9 社会行为的表达（0.15）	打斗行为、羽毛损伤、冠部啄伤
	10 其他行为的表达（0.30）	产蛋箱的使用、垫料的使用、环境丰富度、放养自由度、室外掩蔽物
	11 良好的人-鸡关系（0.25）	回避距离测试（ADT）
	12 良好的精神状态（0.30）	新物体认知测试（NOT）、定性行为评估（QBA）

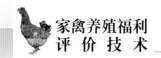

第一节　饲喂条件

蛋鸡饲喂设施的福利评估，包括饲料和饮水的供应是否充分和及时两个方面。蛋鸡饲料和饮水质量应符合相应无公害标准（NY5027）的要求。在养殖场内，可通过每只鸡占有的食槽（或料桶）面积和水线长度（或饮水器数量）进行估测。

一、饲料供应状态

1. 福利标准

饲料供应充足，无饲料缺乏现象。

2. 评价方法

以采食面积（或料位）作为评价指标。

（1）指标性质　基于设施。

（2）指标测定　根据饲喂器类型，计算现有饲喂器的数量和长度。记录饲喂器类型（圆形或线形），以计算每只蛋鸡的饲喂空间。

盘式饲喂器：计算每个料盘的周长（cm），乘以料盘的数量，再除以存栏鸡数，得到每只鸡的采食长度。

链条式喂料器：测量每一条料线的长度，扣除鸡只无法利用的区域（如拐角处等），计算总长度，然后用总长度除以测定时的存栏鸡数，得到每只鸡的采食长度。

料槽：计算每一个料槽的长度，乘以料槽数量，然后除以存栏鸡数，得到每只鸡占有的采食长度（图3-1）。

图3-1　蛋鸡喂料器

（3）指标评分　首先，根据每种类型的饲喂器长度和蛋鸡在不同饲养阶段所应占有的饲喂器长度或数量，计算出所推荐饲养的鸡数（Ns）；然后，计算鸡舍实际饲养数量（Na）与鸡群推荐饲养数量的比值：$P = Na/Ns \times 100$，P代表鸡舍实际饲养数量与鸡群推荐饲养数量的相符度。该指标满分为100，鸡舍实际饲养数量与鸡群推荐饲养数量相比每超1%，得分减1，直至为零（表3-2，表3-3）。

表 3-2 蛋鸡采食面积与饮水面积评估

采食面积		饮水面积	
生长期	产蛋期	生长期	产蛋期
海兰褐蛋鸡[1] 5cm/只 或50只/料盘	10cm/只 或7.6cm/只	笼养：2.5cm或1个/8只 平养：水槽2cm/只或乳头饮水器1个/15只或钟形饮水器1个/150只	乳头饮水器：2个/笼 水槽：2.5cm/只
农大3#蛋鸡[2] 笼养：4.1cm 平养：5cm/只或料桶1个/30只	6~7cm	笼养：水槽1.5cm/只或乳头饮水器1个/20只 平养：水槽1.1cm/只或乳头饮水器1个/20只	乳头饮水器：2个/笼 水槽：2cm/只
白壳蛋系[3] 育成期：3个/100只		水槽：1.9cm/只 乳头饮水器1个/10只	
褐壳蛋系[3] 育成期：4个/100只		水槽：1.9cm/只 乳头饮水器：1个/10只	
欧盟	10cm/只	2.5cm/只 乳头饮水器：1个/10只	

[1] 引自海兰褐蛋鸡饲养手册；

[2] 引自农大3号饲养手册；

[3] 引自《家禽生产学》（第二版），杨宁主编，中国农业出版社

表 3-3 福利饲喂设施评分表

P值	评分	P值	评分
≤100	100	120	80
140	60	160	40
180	20	≥200	0

3. 饲料供应状态评分

本标准只有采食面积（料位）1个评价指标，其得分即为本标准得分。

4. 福利改善方案

该项指标福利评分如果低于95分，应考虑采取以下技术措施进行改进：

①提供充足的饲喂设备，如链式饲喂器、圆形料桶或盘式喂料器等，供料系统经常检查、维护、规范操作。

②适当降低饲养密度，达到品种的相关要求。

③根据鸡群的生长发育阶段、生产水平、生理状况、环境因素等，调整日粮配方，达到营养的供需平衡。

④同时考虑日粮的体积与采食量及饲料的形态（粉料、颗粒料等）确定适宜的饲喂时

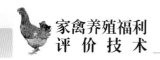
间、次数等。此外，在提供充足饲喂设施的同时，应注意饲料的营养平衡和卫生，无霉菌毒素、沙门氏菌和重金属污染等。

二、饮水状态

1. 福利标准

饮水供应充足，无饮水缺乏现象。

2. 评价方法

以饮水面积作为评价指标。

（1）指标性质　基于设施。

（2）指标测定　根据饮水器类型，计算舍内饮水器的总数或总水线长度（图 3-2）。

乳头饮水器：计算每米内的乳头饮水器数量，然后乘以水线总长（m），最后用总鸡数除以乳头饮水器总数（只/乳头饮水器）。

钟式饮水器：计算每个钟式饮水器的周长，乘以钟式饮水器总数，再除以测定时的总鸡数（cm/只）。

图 3-2　蛋鸡福利饮水器评估

（3）指标评分　根据每种类型的饮水器数量和每种饮水器所推荐饲养的鸡数或每只鸡应占有的饮水设施数量（表 3-2），计算实际拥有的全部饮水器所推荐饲养的鸡数（Ns）；然后计算鸡舍实际饲养数量（Na）与鸡群推荐饲养数量的比值：P = Na/Ns × 100，P 代表鸡舍实际饲养数量与鸡群推荐饲养数量的相符度。

该指标满分为 100，鸡舍实际饲养数量与鸡群推荐饲养数量相比每超 1%，得分减 1，直至为零（表 3-4）。

表 3-4　饮水设施福利评分表

P 值	评分	P 值	评分
≤ 100	100	120	80
140	60	160	40
180	20	≥ 200	0

3. 饮水状态评分

本标准只有饮水面积 1 个评价指标，其得分即为本标准得分。

4. 福利改善方案

该项标准得分低于 95 分，应考虑进行以下技术改进：

①提供充足的饮水设备，如水槽、乳头饮水器和钟形饮水器等。

②在夏季，为保证充足的饮水供应，可考虑适当增加每只鸡所占有的饮水设施数量或

降低饲养密度。

③经常检查乳头是否阻塞、水量是否充足，定期清理供水系统，核查电力供应，防止鸡场因意外事故而断水。

④水线应每日进行冲洗、消毒，防止污染。此外，应控制水质（矿物质含量与微生物污染），饮水应符合饮用水的卫生标准，水质良好。

三、饲喂条件总体评分

根据饲料供应状态和饮水供应状态两个标准得分，乘以相应权重，计算本原则得分。本项原则的得分应尽量接近满分，如果福利评价得分低于95分，分别按照前述措施进行技术整改。

第二节　养殖设施

蛋鸡养殖设施的福利评估，包括栖息状态、冷热状态和运动状态3个方面。蛋鸡舍内环境应符合 NY/T 388 的相关要求。

一、栖息状态

1. 福利标准

栖息舒适。

2. 评价方法

包括栖架类型和有效长度、红螨感染率、空气灰尘含量3个评价指标。

（1）蛋鸡栖架类型和有效长度

①指标性质：基于设施。

图 3-3　蛋鸡福利栖架饲养设施评估

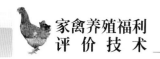
②指标测定：在散放饲养模式中，应尽量考虑蛋鸡的生物学习性，提供栖架等饲养设施（图3-3）。如果没有栖架饲养设施，则该项不进行评价，该项指标得分为零。

首先检查栖架形状，记录上面是否有锋利的边缘（例如，木制长方形栖架有锐型边缘，圆形栖架则较为理想）。然后检查栖架的利用率。最后计算栖架的有效长度：A型栖木构架，需要计算每个A型支架上的栖木数量，乘以栖木长度，记录A型支架的数量，计算舍内栖木总长；多层栖架系统，记录每一层上栖木长度和栖木数量，计算栖木总长度。

每只鸡所占有的栖木长度：用每一个鸡笼或全栋鸡舍内栖木总长度除以鸡笼或鸡舍内的鸡数，得到单位鸡只的栖木长度（cm/只）。

③指标评分：本指标评价包含栖木类型、休息区栖木使用率、单位鸡只的栖息面积3个方面，其权重分别为0.2、0.4和0.4。首先，按照表3-5对这3个方面进行评分，然后乘以相应权重，计算本指标得分：

栖架类型与有效长度得分=栖木类型×0.2+休息区栖木使用率×0.4+单位鸡只的栖息面积×0.4

表3-5　栖架设施福利评分表

栖木类型	评分	栖木使用率（%）	评分	栖木长度（cm/只）	评分
边缘锐度大	<60	100	100	≥15	>80
边缘锐度适中	60~80	75	80	10~15	60~80
边缘圆滑	>80	50	60	5~10	40~60
		25	40	<5	<40
		0	<20	–	–

（2）红螨感染率

①指标性质：基于动物和设施。

②指标测定：检查舍内设备和鸡群身上是否有红螨（鸡皮刺螨），红螨常在栖架下面或某些缝隙里出没。具体方法是利用刀片等刮栖木中的裂纹或裂缝，检测是否存在红螨（或将一张白纸放在栖架下面，然后敲打栖架，观测是否有红螨落在纸上）。情况严重者可以清楚地看到成团、成堆的红螨，而且可以在鸡蛋蛋壳表面观测到血斑。其次，彻底检查蛋鸡全身，尤其是鸡冠以及腿部和胸部皮肤，以确认是否有红螨存在（如果可能也可检测鸡舍内存在的死鸡）。

鸡群与鸡舍红螨感染程度划分：0-鸡身上和鸡舍内均未发现红螨；1-鸡身上或鸡舍内发现红螨，但数目不大，直观上并不明显（例如，鸡身上没有或含有少量的红螨，鸡舍内发现红螨，但仅在缝隙里，感染的地方不多，数量也不大）；2-鸡身上和/或鸡舍内发现大量红螨，红螨数量大，清晰可见（图 3-4）。

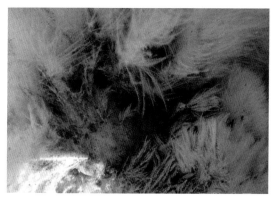

图 3-4　蛋鸡感染红螨

③指标评分：根据鸡群和鸡舍检查结果，评定蛋鸡福利得分（表 3-6）。

表 3-6　红螨感染状态福利评分表

红螨感染程度	评分
鸡身上和鸡舍内均未发现红螨	100
鸡身上或鸡舍内发现红螨，但不明显	50
鸡身上和 / 或鸡舍内发现大量红螨	0

（3）舍内空气灰尘含量

①指标性质：基于管理。

②指标测定：使用一张 A4 大小的黑色纸进行鸡舍内灰尘数量的测试。具体方法是进入鸡舍后，将纸张放在一个平板上，置于鸡舍两端及中间部位的鸡笼上面（平养鸡群，则置于鸡群的活动区域内，并离喂料斗、食槽或其他产尘设备较远的地方，并注意不要让鸡只碰到）。放置 30 分钟后，观测纸张上的灰尘数量（图 3-5）。

对纸张上的灰尘数量做如下评分：0- 无；1- 很少；2- 略有覆盖；3- 很多灰尘；4- 完全看不出纸张的黑色。

③指标评分：对所测定位点的结果求平均值后按表 3-7 的方法进行福利评分（表 3-7）。

3. 栖息状态评分

本标准包括栖架类型和有效长度、红螨感染率、空气灰尘含量 3 个评价指标，其权重分别为 0.4、0.3 和 0.3。根据各指标得分，乘以相应权重，计算本标准评分。

栖息状态福利得分 = 栖架状态得分 × 0.4 + 红螨感染率得分 × 0.3 + 空气灰尘含量得分 × 0.3

图3-5 鸡舍内灰尘测定（红色箭头所指位置）

表3-7 灰尘数量福利评分表

级别	灰尘单观测情况	得分
4	看不出纸张颜色	0
3	很多灰尘，只能看出部分纸张颜色	25
2	略有覆盖	50
1	有灰尘	75
0	没有灰尘，纸张清晰可见	100

4. 福利改善方案

鸡舍内的灰尘含量应控制在4 mg/kg以内，符合（NY/T 5043—2001）的要求。该标准得分低于80分时，需要采取以下技术措施：

①散放饲养模式中，应考虑蛋鸡的生物学习性，提供栖架等饲养设施。

②在采用栖架饲养模式时，必须注意栖架的材质和结构，保证较好的卫生状况，鸡舍定期进行消毒。

③鸡舍空置时间应满足防疫的要求，通过空舍、消毒等措施切断红螨重复感染的途径。

④发生红螨感染时应及时对鸡舍的死角、设备、墙体缝隙喷洒杀虫剂，彻底灭虫。

⑤在使用粉料饲喂时，注意在饲料中适当添加油脂（1%~2%），减少饲料粉尘。

⑥注意检查调整喂料行车的工作状态，避免粉尘污染。

⑦合理组织鸡舍内的通风换气，并考虑安置喷雾除尘装置，定时除尘。

⑧采用地面平养或垫料饲养时，注意调整鸡舍内的湿度（50%~60%）和地面及垫料的湿度，防止因地面或垫料而产生灰土。

⑨安装喷雾除尘等设施，每日定时除尘。

二、冷热状态

1. 福利标准

温度舒适，无热喘和冷颤现象。

2. 评价方法

包括热喘息率和冷颤率两个评价指标。

（1）热喘息率

①指标性质：基于动物。

②指标测定：热喘息的定义为呼吸短促、加快。高温可以导致蛋鸡热喘息，持续出现热喘息表明鸡舍的温度偏高。观测方法是观察整个鸡群（包括鸡舍两端和中部），估测喘息蛋鸡的百分率（图3-6）。

图3-6 鸡的热喘息现象

③指标评分：对所有位置所观察到的热喘息率求平均值，然后根据热喘息蛋鸡所占的百分率对温度的舒适程度进行评分（表3-8）。

表3-8 热喘息状态福利评分表

鸡群状态	评分	鸡群状态	评分
所有蛋鸡都热喘	0	75%以上的蛋鸡热喘	20
超过一半的蛋鸡热喘	40	接近一半的蛋鸡热喘	60
少数蛋鸡热喘	80	没有蛋鸡热喘	100

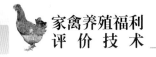
（2）冷颤率

①指标性质：基于动物。

②指标测定：当蛋鸡感到寒冷时，常聚集成堆、沿墙脚、笼边紧密相靠，呈蜷缩状态，在栏舍、鸡笼中心区域鸡的分布较少（图3-7）。这种"扎堆"现象与家禽在休憩时的正常"分群"不同。鸡群出现长时间地蜷缩则表明鸡舍的温热环境偏低。鸡舍内温度偏低，在育雏阶段及冬季发生的可能性较大，在散放饲养、无供暖设施条件下，冬季可较为常见。

具体估测方法是计算鸡群中因冷而呈"蜷缩"或"扎堆"在一起的蛋鸡数。

图3-7 雏鸡扎堆现象

③指标评分：根据蜷缩蛋鸡所占的百分率对温度的舒适程度进行评分（表3-9）。

表3-9 蛋鸡寒冷状态福利评分表

鸡群状态	评分	鸡群状态	评分
所有蛋鸡都蜷缩	0	75%以上的蛋鸡蜷缩	20
超过一半的蛋鸡蜷缩	40	接近一半的蛋鸡蜷缩	60
少数蛋鸡蜷缩	80	没有蛋鸡蜷缩	100

3. 热状态评分

本标准包括热喘息率和冷颤率两个评价指标，其权重分别为0.5和0.5。根据各指标得分，乘以相应权重，计算本标准得分。

冷热状态福利得分 = 热喘息状态福利得分 × 0.5 + 寒冷状态福利得分 × 0.5

4. 福利改善方案

该标准得分如低于90分，表明如果鸡群经常出现热喘息或扎堆现象，提示鸡舍温度控制系统存在问题。需要检查供暖设施或降温设施的工作状态和温度分布是否均匀，可通过提高供暖或降温设施的功率以及通过适当增加或减少饲养密度的方法作为补充措施（图3-8）。

图 3-8　蛋鸡舍降温（湿帘降温系统）与供暖设施（暖气片）

三、运动状态评价

1. 福利标准

活动舒适。

2. 评价方法

包括饲养密度和漏缝地面（或垫网）2 个评价指标。

（1）饲养密度

①指标性质：基于设施。

②指标测定：测定鸡舍内鸡群能够使用的净面积。该数据可实际测量或采用养殖场提供的数据。

表 3-10　蛋鸡饲养密度

	笼底面积	地面（或垫网）面积
农大 3 号[1]	育雏期：30 只 / m² 产蛋期：370cm² / 只	育雏期：15~18 只 / m²
海兰褐[2]	生长期：310cm² / 只 产蛋：450~550cm² / 只（欧洲标准） 或 432~555cm² / 只（美国标准）	生长期：835cm² / 只
商品蛋鸡[3]	育雏期：40~60/ m² 育成期：15~16/ m² 产蛋期：轻型蛋鸡 26.3 只 / m²，中型蛋鸡 20.8/ m²	育雏期：25~30/ m² 育成期：10~12/ m² 产蛋期：网上饲养时，轻型蛋鸡 11 只 / m²，中型蛋鸡 8.5/ m²；地面平养时，轻型蛋鸡 6.3 只 / m²，中型蛋鸡 5.4/ m²
欧盟	富集笼养模式：可利用笼底面积：600cm² / 只	散放饲养模式：250cm² / 只

注：[1] 引自海兰褐蛋鸡饲养手册；

　　[2] 引自农大 3 号饲养手册；

　　[3] 引自《家禽生产学》（第二版），杨宁主编，中国农业出版社.

平养鸡舍：测定垫料区面积和漏缝地面面积（长 × 宽，m²）。通常，固定设施（饲喂器、饮水器和栖架）的面积包含在总面积里面，无需刨除，但是需要扣除产蛋箱所占面积（不包括室外放养场地面积）。该面积包括了鸡群能够利用的鸡舍阳台等设施。

笼养鸡舍：测量一个鸡笼的笼底面积，然后乘以鸡笼总数。用鸡笼总有效笼底面积除以总鸡数，得到饲养密度（cm²/只）

③指标评分：将实测饲养密度（Da）与品种所要求的饲养密度相比较，计算蛋鸡的活动舒适度评分。首先，计算出鸡舍内的蛋鸡实际饲养密度（Da），然后根据蛋鸡品种和采用的饲养标准（表3–10）确定每只鸡应有的饲养密度（Ds），计算鸡舍实际饲养密度（Da）与鸡群推荐饲养密度（Ds）的比值：P = Da/Ds × 100%，P代表鸡舍实际饲养密度与鸡群推荐饲养密度的相符度。

该指标满分为100，鸡舍实际饲养数量与鸡群推荐饲养数量相比每超1%，得分减1，直至为零（表3–11）。

表3-11　饮水设施福利评分表

P 值	评分	P 值	评分
≤ 100	100	120	80
140	60	160	40
180	20	≥ 200	0

（2）漏缝（网状）地面

①指标性质：基于设施。

②指标测定：漏缝地面（或网状地面）便于粪便的清理和保证鸡体的清洁，但是影响蛋鸡的行走，因此漏缝地面所占饲养面积的比例影响到蛋鸡的运动状态（图3-9）。测量与鸡群可利用面积有关的所有漏缝地面（木制或塑料条缝地板以及垫网区）。用漏缝地面总面积除以鸡群可以利用的总面积，计算漏缝地面占鸡群可利用面积的百分比。

图3-9　鸡只垫网饲养

③指标评分：本指标满分为100，漏缝地面占鸡群可利用面积的百分比或垫网型漏缝地面所占的百分率（P）每升高1%，得分降低1，直至为20分（表3-12）。同时考虑漏缝地面或网状地面的孔径和材质，漏缝（网状）地面应坚实、孔径适中，不宜过大。如果材料存在地面支持不坚实、网孔大，鸡只行走时存在颤动、漏陷等现象时需对P值进行修正（修正系为：网面坚实、空间适中，系数为1；网面支撑松软、网孔大，存在行走颤动现象，系数为1.5）。

表3-12　漏缝地面饲养福利评分表

P 值	得分	P 值	得分
0%	100	20%	80
40%	60	60%	40
>80%	20		

3. 运动状态评分

本标准包括饲养密度和漏缝地面2个评价指标，其权重分别为0.6和0.4。根据各指标得分，乘以相应权重，计算本标准得分。

运动状态福利得分 = 饲养密度福利得分 × 0.6 + 漏缝地面福利得分 × 0.4

4. 福利改善方案

在笼养模式中，该标准的得分不应低于60分，在散放饲养模式中本该标准不宜低于80分。低于上述得分则需考虑以下技术措施：

①降低饲养密度，保证鸡只有充足的休息和活动空间。笼养模式下需要减少每个笼内的鸡只数或每栋鸡舍内的鸡只数。

②在地面饲养模式中，可考虑适当增加垫料区域的面积。

③采用坚实的垫网材料，降低颤动的程度，并减小漏缝地面的缝隙、孔径、间隙等。

四、养殖设施总体评分

根据栖息状态、冷热状态和运动状态3个标准得分，乘以相应权重，计算本原则得分。

养殖设施福利得分 = 栖息状态福利得分 × 0.3 + 冷热状态福利得分 × 0.2 + 运动状态福利得分 × 0.5

笼养模式下该原则的得分低于60分，散放饲养模式下该原则得分低于80分时，应考虑对鸡舍饲养设施进行整改。设施改造包括饲养密度、供暖与降温设施、栖架设置和材质、漏缝地面或网状地面的材质及支撑设施等。

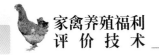
第三节　健康状态

健康状态是关系到蛋鸡饲养成败的关键，也是蛋鸡福利水平的重要体现。对于蛋鸡健康状态的评价需要从以下3个方面进行：体表状态、疾病状况和人为伤害。

一、体表状态

1. 福利标准

体表无损伤。

2. 评价方法

包括龙骨畸形、皮肤损伤、脚垫皮炎和脚趾损伤等4个评价指标。

（1）龙骨畸形

①指标性质：基于动物。

②指标测定：正常情况下，蛋鸡龙骨直，不倾斜，无球形隆起、弯曲及其他异常。龙骨异常通常是由形状不规则的栖架、骨骼断裂后愈合或龙骨脱钙引起的。与正常的直线型龙骨相比，任何形态上的异常变化都可视为龙骨畸形。检查蛋鸡胸部时，既可在无毛区用肉眼进行观察，也可用手指沿龙骨边缘触摸。

在对鸡群进行评定时，既可将鸡群圈到一块，也可在舍内不同位置随机抓100只蛋鸡（抽样点的数量取决于鸡群的饲养方式和分栏（笼）数），对于笼养蛋鸡需要从鸡舍不同区域以及不同笼层挑选鸡只，观察其龙骨区并进行触摸。对照图3-10对蛋鸡进行评定：0- 龙骨笔直，无倾斜、弯曲和增厚等异常；2- 龙骨扭曲、变形（包括增厚）。

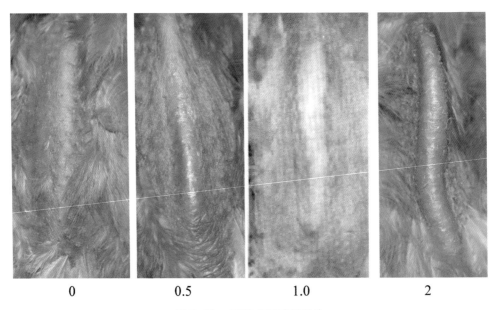

| 0 | 0.5 | 1.0 | 2 |

图3-10　鸡的龙骨畸形评分

③指标评分：根据龙骨轻度畸形（A，评分为0.5分–1分）和重度畸形（B，评分为2）的蛋鸡百分比，计算鸡群的龙骨健康指数：

$$I = [1 - (A \times 0.5 + B \times 1)] \times 100\%$$

其中，龙骨轻度畸形和重度畸形的两类蛋鸡的权重分别为0.5和1。

该指标满分为100，I值每降1%，得分减1，直至为零（表3–13）。

表3-13　龙骨异常状态福利评分表

I值	评分	I值	评分
100%	100	80%	80
60%	60	40%	40
20%	20	0%	0

（2）皮肤损伤

①指标性质：基于动物。

②指标测定：

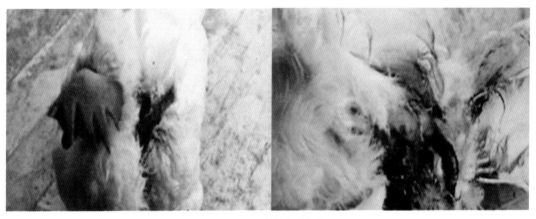

图3-11　鸡的皮肤损伤

皮肤损伤是指那些尚未愈合的创伤（图3-11）。当点状的啄痕或划痕等有3处甚至更多类似的伤痕时，予以计入皮肤损伤评分范围。检测方法为：随机抓取100只蛋鸡（抽样点的数量取决于鸡群的饲养方式和分栏（笼）数。对于笼养蛋鸡需要从鸡舍不同区域以及不同笼层挑取鸡只），目视鸡冠、后躯以及腿部，按照以下要求对蛋鸡进行评定：

A：无损伤，仅有少量（<3处）点状啄痕（伤痕直径<0.5 cm）或划痕；

B：至少有一处损伤直径<2 cm或有≥3处啄痕、划痕；

C：至少有一处损伤直径≥2 cm。

③指标评分：根据皮肤轻度损伤（B）和重度损伤（C）的蛋鸡百分比，计算鸡群的

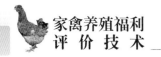
皮肤健康指数：

$$I = [1 - (B \times 0.5 + C \times 1)] \times 100\%$$

其中，皮肤轻度损伤和重度损伤的两类蛋鸡的权重分别为 0.5 和 1。

该指标满分为 100，I 值每降 1%，得分减 1，直至为零（表 3-14）。

表 3-14 皮肤损伤福利评分表

I 值	评分	I 值	评分
100%	100	80%	80
60%	60	40%	40
20%	20	0%	0

（3）脚垫皮炎

①指标性质：基于动物。

②指标测定：正常蛋鸡鸡爪应具有光滑的皮肤，无创伤或异常。垫网地面可导致足底形成硬块或上皮细胞增生（增厚）。炎症或皮肤损伤可引起足部肿胀，称为趾瘤症。病鸡得病初期足部轻微肿大，后期严重肿胀，成球形。目前，趾瘤症的病因尚未明了，栖架设计、卫生学和遗传因素可能都有影响。检测方法是随机抓取 100 只蛋鸡，观察双足，按以下标准进行评分（图 3-12）。

A：足部完好，没有或仅有轻微的上皮增生；B：上皮坏死或增生，患慢性趾瘤症（没有或中度肿胀）；C：肿胀（从背面清晰可见）。

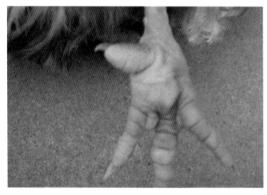

图 3-12 鸡脚垫皮炎

③指标评分：根据脚垫轻度损伤（B）和重度损伤（C）的蛋鸡百分比，计算鸡群的脚垫健康指数：

$$I = [1 - (B \times 0.5 + C \times 1)] \times 100\%$$

其中，脚垫轻度损伤和重度损伤的两类蛋鸡的权重分别为 0.5 和 1。

该指标满分为 100，I 值每降 1%，得分减 1，直至为零（表 3-15）。

表 3-15　脚垫皮炎福利评分表

I 值	评分	I 值	评分
100%	100	80%	80
60%	60	40%	40
20%	20	0%	0

（4）脚趾损伤

①指标性质：基于动物。

②指标测定：饲养过程中蛋鸡脚趾可被笼底或网状地面等卡住、夹伤，甚至折断（图 3-13）。随机检查 100 只蛋鸡的脚趾状态，进行福利得分评定。评定标准为：

A：没有脚趾损伤；B：患脚趾损伤的鸡不足 3 只；C：患脚趾损伤的鸡等于或大于 3 只。

图 3-13　鸡脚趾损伤

③指标评分

本指标满分为 100，根据患脚趾损伤的鸡数进行评定（表 3-16）。

表 3-16　蛋鸡脚趾损伤福利评分表

脚趾损伤鸡数	评分
没有脚趾损伤	100
患脚趾损伤的鸡不足 3 只	50
患脚趾损伤的鸡等于或大于 3 只	0

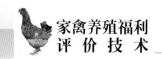
3.体表状态评分

本标准包括龙骨畸形、皮肤损伤、脚垫皮炎和脚趾损伤4个评价指标，其权重分别为0.25、0.25、0.25和0.25。根据各指标得分，乘以相应权重，计算本标准得分。

体表状态福利得分 = 龙骨畸形福利得分 × 0.25 + 皮肤损伤福利得分 × 0.25 + 脚垫皮炎状态福利得分 × 0.25+ 脚趾损伤福利得分 × 0.25

4.福利改善方案

本标准得分如低于70分，则需分析原因并考虑以下技术与管理措施：（1）改善笼具规格、制作材料，减小底板间隙，提高管理水平，另一方面寻求笼养替代方式，如改换自由散养、舍内垫料平养和改良型笼养等（Guo et al.，2012）。（2）对于由于鸡群相互攻击造成的体表损伤，则需考虑增加鸡舍或鸡笼内环境的丰富度，或降低饲养密度。

二、疾病状况

1.福利标准
没有疾病。

2.评价方法

包括死亡率、淘汰率、嗉囊肿大、眼病、呼吸道感染、肠炎、寄生虫、鸡冠异常8个评价指标。

（1）死亡率

①指标性质：基于管理。

②指标测定：根据养殖场的工作记录，对某一个饲养阶段的死亡率估测方法为：死亡数量（不包括那些被淘汰的活鸡，它们属于养殖场淘汰率的范畴）除以入舍鸡只数量。

入舍鸡只数量记为A，在一个生产阶段内（或一个生产周期内）死亡的鸡只数量记为M，使用下面的公式计算家禽死亡率：

$$死亡率（\%）=（M/A）\times 100$$

③指标评分：该指标不单独计算得分。

（2）淘汰率

①指标性质：基于管理。

②指标测定：淘汰鸡是指养殖场的管理人员出于疾病控制的目的或因鸡跛行、体弱和患病而淘汰的部分鸡只。淘汰率计算方法是根据养殖场的工作记录，用家禽淘汰数量（不包括那些死亡的鸡）除以入舍鸡只数量。

入舍鸡只数量记为A，在某一阶段内（或一个饲养周期内）被淘汰的活鸡数量（不包括死鸡）记为C，使用下面的公式计算家禽的淘汰率：

$$淘汰率（\%）=（C/A）\times 100$$

③指标评分：该指标不单独计算得分。

（3）嗉囊肿大

①指标性质：基于动物。

②指标测定：嗉囊肿大是指嗉囊因充满液体和食物而膨胀的现象（图3-14）。检测方法为，随机检查100只蛋鸡，依据嗉囊肿大的蛋鸡数量，对蛋鸡进行等级评定：

0-没有嗉囊肿大；1-嗉囊肿大的鸡不足3只；2-嗉囊肿大的鸡等于或大于3只。

③指标评分：该指标不单独计算得分。

图3-14 鸡只嗉囊肿大

（4）眼病

①指标性质：基于动物。

②指标测定：这项指标是从眼病角度评估鸡群，眼睛病变包括眼睑和眼睛周围皮肤肿胀、眼皮粘连、有分泌物流出等（图3-15）。评分方法是随机抽检100只蛋鸡，依据患眼病的蛋鸡数量，对蛋鸡进行等级评定：

0-没有眼病；1-患眼病的鸡不足3只；2-患眼病的鸡等于或大于3只。

正常鸡　　　　　　　　　　　　　　患眼病的鸡

图3-15 蛋鸡眼疾

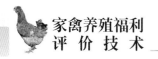
③指标评分：该指标不单独计算得分。

（5）呼吸道感染

①指标性质：基于动物。

②指标测定：该指标是从呼吸道感染角度评估鸡群（图3-16）。呼吸道感染导致家禽呼吸困难，有明显呼吸音。评分方法是随机抽检100只蛋鸡，依据患呼吸道感染的蛋鸡数量，对蛋鸡进行等级评定：

0- 没有呼吸道感染；1- 患呼吸道感染的鸡不足3只；2- 患呼吸道感染的鸡等于或大于3只。

图3-16　蛋鸡呼吸道感染

③指标评分：该指标不单独计算得分。

（6）肠炎

①指标性质：基于动物。

②指标测定：这项指标是从肠炎角度评估鸡群。肠炎包括肠道感染和消化代谢异常，通常导致粪便性状改变，如粪便变色、液体含量增多、腹泻等（图3-17）。

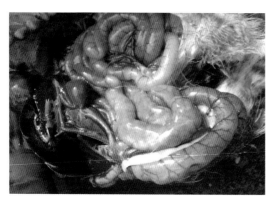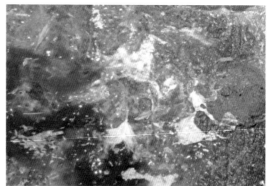

图3-17　蛋鸡肠炎

最终评分既基于对100只蛋鸡的检查，也基于评估者在鸡舍内做其他测量工作时的肉眼观察。

依据患肠炎的蛋鸡数量，对蛋鸡进行等级评定：

0- 没有肠炎；1- 患肠炎的鸡不足 3 只；2- 患肠炎的鸡等于或大于 3 只。

③指标评分：该指标不单独计算得分。

（7）寄生虫感染

①指标性质：基于动物。

②指标测定：禽类易感染多种寄生虫，包括虱子、螨类、蜱虫、跳蚤和肠道球虫等。寄生虫可以传播疾病，对机体有害（图 3-18）。寄生虫一方面可以寄生在家禽体表（螨类和虱子），也可以寄生在体内（肠道蠕虫）。

检查鸡舍和鸡舍设施，检查鸡舍门窗上是否能看到跳蚤（它们经常在那里排泄粪便）；随机检查 100 只蛋鸡的体表，查看是否存在虱子和螨虫等外寄生虫感染；通过检查粪便，看是否存在球虫感染。

在群体水平上评定：0- 门窗上没有跳蚤粪便；2- 门窗上有跳蚤粪便。

在个体水平上评定：0- 没有寄生虫；2- 有寄生虫。

③指标评分：该指标不单独计算得分。

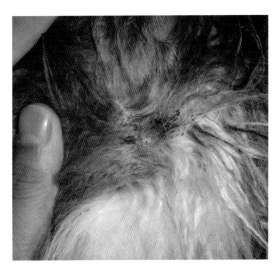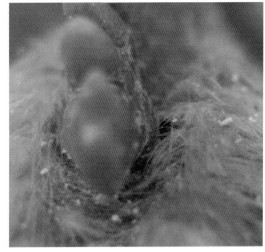

图 3-18　鸡只寄生虫感染

（8）鸡冠异常

①指标性质：基于动物。

②指标测定：正常鸡冠呈均匀的红色，没有创伤或擦伤。随机抽取 100 只蛋鸡进行检查，除了啄伤（需要单独评估），其他冠部损伤也需要评估。需要注意，在产蛋高峰期，鸡冠可能会略显苍白，但若鸡冠非常苍白的话，可能是贫血征兆（图 3-19）。

在群体水平上评定：0- 鸡冠无异常；1- 鸡冠异常的鸡不足 3 只；2- 鸡冠异常的鸡等于或大于 3 只。

正常鸡冠　　　　　　　异常鸡冠

图 3-19　鸡冠异常

③指标评分：该指标不单独计算得分。

3. 疾病状况评分

本项目包括死亡率、淘汰率、嗉囊肿大、眼病、呼吸道感染、肠炎、寄生虫、鸡冠异常 8 个评价指标（表 3-17），将其分为 4 类，分别为①嗉囊肿大、呼吸道感染和肠炎；②眼病、鸡冠异常；③寄生虫；④死、淘率。根据上述指标的阈值，确定相关预警值和警戒值。

表 3-17　蛋鸡疾病状态阈值

指标	测定值	预警值 T_1	警戒值 T_2
嗉囊肿大	M_0	3	5
眼病	M_1	3	5
呼吸道感染	M_2	3	5
肠炎	M_3	3	5
寄生虫	M_4	门窗上有	门窗和鸡体都有
鸡冠异常	M_5	3	5
合并考虑死淘率（淘汰率和死亡率）			
淘汰鸡占死淘鸡的比重 < 20% 时	M_{6a}	3	6
淘汰鸡占死淘鸡的比重在 20%~50% 时	M_{6b}	3.5	7
淘汰鸡占死淘鸡的比重 > 50% 时	M_{6c}	4	8

注：T_1、T_2 为观察到的每一种病症的鸡只数或死淘率

将每一病症的发生率与其预警值及警戒值进行比较。在每一类病症内，当有一种病症的发生率超过警戒值时，该类疾病的发病情况视为严重等级（A）；当有一个病症的发生率超过预警值但没有超过警戒值时，视为中等等级（B）；除去以上两种情况，其余皆为正常。中等等级发病率的福利权重为0.5，严重等级的权重为1。

根据表3-17中4种病症发病情况和死、淘率情况（严重A和中等B的数量），计算鸡群的健康指数（I）：

$$I=[1-(A \times 1+B \times 0.5)/4] \times 100\%$$

该标准满分为100，I值每降1%，得分减1，直至为零（表3-18）。

表3-18　疾病状态福利评分表

I值	评分	I值	评分
100%	100	80%	80
60%	60	40%	40
20%	20	0%	0

4. 福利改善方案

对于死淘率高、发病率高的鸡群，需要采取以下措施：

①加强全场的生物安全措施，检查鸡场的卫生防疫设施、隔离设施、人员消毒和车辆消毒设施是否齐全，防疫措施执行是否严格。

②检查饲养管理中是否存在漏洞，如饲料污染、鼠害、野生动物进入鸡舍等问题，建立定期消毒和消灭老鼠、蚊蝇等有害动物的制度，及时堵塞漏洞。

③核实免疫程序是否妥当，所使用的疫苗来源及免疫时机是否妥当。

④检查鸡舍环境控制及管理存在的问题，如舍内有害气体（NH_3）、粉尘和病原微生物浓度。

⑤建立定期抗体监测制度。

三、人为伤害

1. 福利标准

无人为伤害。

2. 评价方法

以蛋鸡断喙情况作为评价指标。

（1）指标性质　基于动物。

（2）指标测定　断喙不当会对蛋鸡造成鸡喙异常的永久伤害。检查方法是，随机抽取100只鸡，观察鸡喙两侧，根据参考图片进行评定（图3-20）。评分方法如下。

A：未断喙，喙部无异常；B：轻中度断喙，喙部轻度异常（或未断喙，但喙天生异常）；C：重度断喙，喙明显异常。

A   B   C

图 3-20　鸡喙形态评价

（3）指标评分　根据所观察的 100 只鸡的喙部状态轻度异常（B）和重度异常（C）的蛋鸡百分数，计算鸡群的喙部健康指数：

$$I = [1 - (B \times 0.5 + C \times 1)] \times 100\%$$

其中，鸡喙轻度异常和重度异常的两类蛋鸡的权重分别为 0.5 和 1。该指标满分为 100，I 值每降 1%，得分减 1，直至为零（表 3-19）。

表 3-19　蛋鸡喙型福利评分表

I 值	评分	I 值	评分
100%	100	80%	80
60%	60	40%	40
20%	20	0%	0

3. 人为伤害评分

本标准只有蛋鸡断喙情况 1 个评价指标，其得分即为本标准得分。

4. 福利改善方案

本标准得分低于 85 分时需要考虑以下技术与管理措施：

①尽量采用先进、无痛的断喙机器进行断喙（如红外线断喙技术），提高喙型的适宜度。

②调整断喙日龄、时间和操作规程，培训断喙技术操作人员，提高技术熟练度。

③对于喙型存在问题的蛋鸡，集中饲养，观测其采食与饮水行为，适当调整水线和料槽高度，并适当降低饲养密度。

四、健康状态总体评分

根据体表损伤、疾病状况和人为伤害3个标准得分，乘以相应权重，计算本原则得分。

健康状态福利得分 = 体表损伤福利得分 × 0.3 + 疾病发生情况福利得分 × 0.5 + 人为伤害情况福利得分 × 0.2

当该福利原则的得分低于90分时，需要密切观察鸡群状态，并采取以下管理与技术措施。

①核查饲养设施的损坏情况，加强维护。

②核查卫生防疫设施与消毒设施的完备情况，检查卫生防疫制度的健全与执行情况，堵塞管理中的漏洞。

③核查免疫程序及免疫效果。

④考虑更新断喙设施。

⑤检测鸡舍卫生环境状况，核查饲养密度和采光情况，如存在饲养密度大、光照强度高等问题应采取相应措施。

第四节　行为模式

恰当的行为模式是蛋鸡福利状态评价的重要内容之一，异常行为的出现意味着饲养过程中存在着限制正常行为表达的因素。蛋鸡行为模式评价包括社会行为表达、其他行为表达、人–鸡关系和精神状态4个方面。

一、社会行为的表达

1. 福利标准

能够正常表达社会行为。

2. 评价方法

包括打斗行为、羽毛损伤和冠部啄伤3个评价指标。

（1）打斗行为

①指标性质：基于动物。

②指标测定：打斗行为是指鸡只之间相互进行的争斗、打斗及追斗等行为，常常伴随着鸡只尖叫（图3–21）。评价方法是观测鸡群中是否存在打斗行为，评定方法：0– 无打斗行为；1– 有较少的打斗行为；2– 有较多的打斗行为。

③指标评分：本指标满分为100，根据打斗行为的发生频率进行评定（表3–20）。

图 3-21　蛋鸡打斗行为

表 3-20　打斗行为福利评分表

打斗行为的发生频率	评分
无打斗行为（0）	100
打斗行为较少（1）	50
打斗行为频繁（2）	0

（2）羽毛损伤

①指标性质：基于动物。

②指标测定：正常鸡只的羽毛光滑、整齐，所有羽轴都朝着同一个方向。在饲养过程中，羽毛与笼网摩擦，羽轴容易折断；此外，鸡只之间相互啄斗时，羽毛也宜折断，甚至脱落。羽毛受损往往从尾部、颈部和泄殖腔开始（图 3-22）。

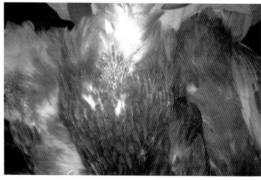

图 3-22　蛋鸡的羽毛脱落现象

评价方法是随机选取 100 只鸡进行观测，从 3 个不同的部位进行评定：（ⅰ）背部和尾部；（ⅱ）泄殖腔周围（包括腹部）；（ⅲ）头部和颈部（通常情况下造成这 3 个部位羽毛脱落的原因不同：背部和尾部羽毛损伤提示蛋鸡啄羽，头部和颈部羽毛损伤可由摩擦引起，腹部羽毛损伤常见于高产蛋鸡，有时也可能是啄肛造成的）。对于每一个部位（图 3-23）都有一个相应的评分，划为 3 个等级：

1- 没有或轻微磨损，羽毛完整或接近完整（只有少量缺失）；

2- 中度磨损，即羽毛破损（磨损或变形），一个或多个无羽部位的直径 < 5 cm；

3- 严重破损，至少有一个无羽部位的直径 ≥ 5 cm。

根据上述 3 个部分的羽毛状态评分，得到每只鸡的总体评分：

A- 所有部位等级都是"1"；B- 一个或多个部位等级为"2"，但没有部位等级为"3"；

C- 一个或多个部位等级是"3"。

图 3-23　蛋鸡羽毛分区

③指标评分：根据羽毛中度损伤（B）和重度损伤（C）的蛋鸡百分比，计算鸡群的羽毛健康指数：

$$I = [1 - (B \times 0.5 + C \times 1)] \times 100\%$$

其中，羽毛中度损伤（B）和重度损伤（A）的两类蛋鸡的权重分别为 0.5 和 1。该指标满分为 100，I 值每降 1%，得分减 1，直至为零（表 3-21）。

表 3-21　羽毛状态福利评分表

I 值	评分	I 值	评分
100%	100	80%	80
60%	60	40%	40
20%	20	0%	0

（3）冠部啄伤

①指标性质：基于动物。

②指标测定：在鸡群中随机选取 100 只鸡，观察鸡冠两侧，查看是否有啄伤（图 3-24）（已愈合的不计入）。评分方法是：0- 鸡冠没有啄伤（A）；1- 轻中度啄伤（B），鸡

冠啄伤少于 3 处；2- 重度啄伤（C），鸡冠啄伤 3 处或 3 处以上。

图 3-24　鸡冠啄伤

③指标评分：根据鸡冠轻中度啄伤（B）和重度啄伤（C）的蛋鸡百分比，计算鸡群的鸡冠健康指数：

$$I = [1-(B \times 0.5 + C \times 1)] \times 100\%$$

其中，鸡冠轻中度啄伤（B）和中、重度啄伤（C）的两类蛋鸡的权重分别为 0.5 和 1。该指标满分为 100，I 值每降 1%，得分减 1，直至为零（表 3-22）。

表 3-22　鸡冠损伤福利评分表

I值	评分	I值	评分
100%	100	80%	80
60%	60	40%	40
20%	20	0%	0

3. 社会行为的表达评分

本标准包括打斗行为、羽毛损伤和冠部啄伤 3 个评价指标，其权重分别为 0.4、0.3 和 0.3。根据各指标得分，乘以相应权重，计算本标准得分。

社会行为状态福利得分 = 打斗行为福利得分 × 0.4 + 羽毛状态福利得分 × 0.3 + 冠部啄伤福利得分 × 0.3

4. 福利改善方案

本标准的福利得分低于 70 分时需要采取相应的管理与技术措施：

①合理控制鸡舍内的光照强度和饲养密度，增加环境丰富度。例如，给鸡群提供一些玩具如草捆、垫料等，满足其探究行为等。

②有条件的鸡场让鸡群接触室外场地，自由活动。

③评估断喙的效果，挑出好斗的鸡只及喙型尖锐的鸡只，单独饲养。

二、其他行为的表达

1. 福利标准

其他行为正常表达。

2. 评价方法

包括产蛋箱的使用、垫料的使用、环境丰富度、放养自由度、室外掩蔽物等 5 个评价指标。

（1）产蛋箱的使用

①指标性质：基于动物。

②指标测定：该项指标只在设有产蛋箱的鸡舍内进行评定（图 3-25）。如果没有产蛋箱，则该项指标的评分为"0"。

首先检查鸡舍内产蛋箱的数量及其分布是否均匀，观测鸡蛋在产蛋箱内的分布是否均匀（可观察各排产蛋箱相应传送带上的鸡蛋数量是否相同，在传送带前段、中段和后段的分布是否均匀；如果在舍内看不见传送带的运转情况时，可咨询鸡场管理人员或饲养人员，图 3-26）。

图 3-25　蛋鸡产蛋箱

然后估测单位蛋鸡的产蛋箱面积：对于仅供一只鸡产蛋的"单鸡"产蛋箱：清点产蛋箱数量，除以蛋鸡总数。对于可同时容纳多只鸡产蛋的"多鸡"产蛋箱：测定产蛋箱底面积，乘以产蛋箱数量，再除以测定时总鸡数，最终结果表示为 cm^2/ 只。

产蛋箱状态评分：0- 有产蛋箱；2- 没有产蛋箱。

产蛋箱分布评分：0- 产蛋箱分布均匀；2- 产蛋箱分布不均匀。

鸡蛋在每排产蛋箱内的分布评分：0- 鸡蛋在每排产蛋箱内分布均匀；2- 鸡蛋在每排产蛋箱内分布不均匀。

鸡蛋在各排产蛋箱间的分布评分：0- 鸡蛋在各排产蛋箱间分布均匀；2- 鸡蛋在各排产蛋箱间分布不均匀。

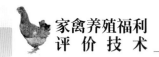

单位蛋鸡的产蛋箱面积计算：单"鸡"产蛋箱以"只/产蛋箱"计，多"鸡"产蛋箱以 cm²/只计。

图 3-26　鸡蛋分布观测

③指标评分：首先对鸡蛋和产蛋箱的分布（表 3-23 中第 1-4 行的评分总和）、单位蛋鸡的产蛋箱面积（表 3-23 中第 4 行的评分）分别评分，然后求取平均值（表 3-23）。

表 3-23　产蛋箱评分表

鸡蛋和产蛋箱分布	标准	评分
产蛋箱	有	25
	无	0
产蛋箱分布	均匀	25
	不均匀	0
鸡蛋在每排产蛋箱内分布	均匀	25
	不均匀	0
鸡蛋在各排产蛋箱间分布	均匀	25
	不均匀	0
产蛋箱（单鸡：只/产蛋箱；多鸡：cm²/只）	单鸡：≤2；多鸡：≥200	100
	单鸡：≤4；多鸡：≥180	80
	单鸡：≤6；多鸡：≥140	60
	单鸡：≤8；多鸡：≥120	40
	单鸡：≤10；多鸡：≥120	20
	单鸡：≥12；多鸡：≤100	0

（2）垫料的使用

①指标性质：基于动物。

②指标测定：沙浴和抓挠、刨食是蛋鸡的重要行为（图3-27）。蛋鸡喜欢聚到一块进行沙浴，是一种社会行为。

观测方法是在群体水平上观察沙浴行为和刨食行为出现的频率：A：有2只或2只以上的蛋鸡聚集在一起进行沙浴；B：单只鸡进行沙浴或没有鸡进行沙浴，但是鸡群有抓挠和嬉戏垫料的行为；C:没有垫料或没有沙浴以及抓挠、嬉戏垫料的行为。

图3-27　蛋鸡的刨食及沙浴行为

③指标评分：本指标满分为100，根据蛋鸡沙浴情况进行评定（表3-24）。

表3-24　沙浴行为评分表

蛋鸡沙浴状况	评分
A：2只或2只以上的蛋鸡成群进行沙浴	100
B：单只鸡沙浴或没有鸡沙浴，但鸡群有抓挠和嬉戏垫料的行为	50
C：没有垫料或没有沙浴设施	0

（3）环境丰富度

①指标性质：基于设施。

②指标测定：环境丰富度是指鸡舍（笼）内或鸡舍外运动场环境中是否设有供蛋鸡嬉戏的相关设施或材料，如用于啄耍的绳子、草捆等或使环境丰富多样的结构设施（室外掩蔽物、沙浴区，图3-28）。评估方法是首先检查鸡舍内部和外部区域，是否存在这些材料或设施；其次，评估查看这些环境富集材料及设施的利用情况，然后按以下标准进行评分：

A：超过50%的蛋鸡使用环境富集设施；B：不足50%的蛋鸡使用环境富集设施；C：没有环境富集设施或没有蛋鸡使用环境富集设施。

图 3-28　蛋鸡栖架与环境富集场地

③指标评分：本指标满分为100，根据蛋鸡对环境富集设施的使用情况进行评定（表3-25）。

表 3-25　环境丰富度评分表

蛋鸡对环境富集材料的使用情况	评分
A：>50% 蛋鸡正在使用环境富集材料	100
B：<50% 的蛋鸡正在使用环境富集材料	50
C：没有环境富集材料或没有蛋鸡使用环境富集材料	0

（4）放养自由度

①指标性质：基于设施。

②指标测定：该项指标仅适用于自由放养或散放饲养模式（图3-29）。如果为笼养模式则不适用该项指标（记为0分）。这项指标既可以表示家禽对所处环境的选择能力，也可以表示环境对于家禽的适宜性。

图 3-29　鸡场放养自由度

观察鸡场是否存在放养场地以及蛋鸡能否接触到这些场地，查看蛋鸡是否利用这些场地，并估测场地内蛋鸡数量占鸡群数量的比例。

测定方法：A：超过50%的蛋鸡利用散养场地；B：不足50%的蛋鸡利用散养场地；C：没有散养场地或没有蛋鸡利用散养场地。

③指标评分：本指标满分为100，根据蛋鸡对散养场地的使用情况进行评定（表3-26）。

表3-26　放养自由度评分表

蛋鸡对散养场地的使用情况	评分
A：50%~100%的蛋鸡正在利用散养场地	100
B：不足50%的蛋鸡正在利用散养场地	50
C：没有散养场地或没有蛋鸡利用散养场地	0

（5）室外掩蔽物

①指标性质：基于设施。

②指标测定：该项指标只适用于自由放养或散放养殖系统，如果没有放养场地，则不适用该项指标（记为0分）。

舍外的掩蔽物既可以是植被（如深草丛、树木、作物等），也可以是人工掩体（如帐篷、屋檐、高架的伪装网，但非禽舍本身，图3-30）。评估方法是检查放养场地，估测场地树木、丛林或人工掩体的覆盖率（%）。

图3-30　鸡只在场地内的环境遮蔽物

③指标评分：将室外掩蔽物的覆盖率分为6个等级，每个等级对应1个得分（表3-27）。

表3-27　室外遮蔽物评分表

室外掩蔽率	评分	室外掩蔽率	评分
0%	0	20%	20
40%	40	60%	60
80%	80	100%	100

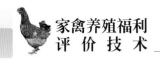

（6）阳台（设有掩蔽物）

①指标性质：基于设施。

②指标测定：如果在散放饲养设施中存在有阳台，则需对阳台的使用情况进行评价（图3-31）。观察蛋鸡对阳台区域的利用情况，估算使用阳台的蛋鸡数量。测定参数：A：50%~100%的蛋鸡正在使用阳台；B：不足50%的蛋鸡正在使用阳台；C：没有阳台或没有蛋鸡使用阳台。

图3-31　鸡舍室外的阳台

③指标评分：本指标满分为100，根据蛋鸡对阳台的使用情况进行评定（表3-28）。

表3-28　蛋鸡使用阳台情况评分表

蛋鸡对阳台的使用情况	得分
50%~100%的蛋鸡正在利用阳台	100
不足50%的蛋鸡正在利用阳台	50
没有阳台或没有蛋鸡使用阳台	0

3. 其他行为的表达评分

本标准包括产蛋箱的使用、垫料的使用、环境丰富度、放养自由度、室外掩蔽物、阳台6个评价指标，其权重分别为0.2、0.2、0.2、0.2、0.1和0.1。根据各指标得分，乘以相应权重，计算本标准得分。

其他行为状态福利得分 = 产蛋箱使用状态得分 ×0.2 + 垫料使用状态得分 ×0.2 + 环境丰富度得分 ×0.2 + 放养自由度得分 ×0.2 + 室外遮蔽物得分 ×0.1 + 阳台使用情况得分 ×0.1

4. 福利改善方案

本标准主要适用于散放饲养模式的评估，福利评价得分低于70分时需要考虑下述技术与管理措施。

①如果存在产蛋分布不匀现象，则应考虑产蛋箱数量、高度和分布是否均匀，并加以改进。

②垫料方面需要考虑垫料区域的面积是否适当，垫料是否潮湿等，可适当增加垫料区面积、垫料厚度，如果存在潮湿现象，则需进行更换。

③舍外运动场应考虑种植花草树木，设置防鸟和野生动物的设施，提供凉棚、栖架、沙浴池等。

三、人与鸡群关系

1. 福利标准

人与鸡群关系良好。

2. 评价方法

测定蛋鸡对人的回避距离。

（1）指标性质　基于动物。

（2）指标测定　选择鸡舍内有代表性的 3 个区域进行评估（图 3-32）。例如，在笼养蛋鸡舍内，可以选择鸡舍内中间部位、两侧的不同区域。

图 3-32　观测位置示意图

非笼养系统：观测人员两手交叉放于身前腹部，在鸡栏中间位置沿鸡舍长轴方向缓慢走动，注意观察两侧鸡只，确定观测的鸡只后，转体 90 度，面向该鸡只，然后以每秒一步的速度缓慢走向这只鸡，注意观察它的腿部移动。测定当这只鸡走开或后退时距离观测人员的距离。

笼养系统：根据舍内鸡笼布置，选择第二层或三层鸡笼内的鸡进行测试。测定人员把手放在身体前面 15 cm 的位置，身体与鸡笼前部保持 60 cm 的距离，沿着饲喂通道缓慢前行（图 3-33）。前行时选择将头部伸出鸡笼的鸡作为评估对象，选定测试的鸡只后，面向该鸡只，从相距 60 cm（从手到笼子前部）的位置走向这只鸡（步速为每秒一步），估测当这只鸡头部退回笼内时手与鸡笼前部之间的距离。如果鸡是由于除了评估者靠近以外的其他原因而后退或离开，则停止测试，再选择其他的鸡进行测试。

方法：在每个观测区域测定 7 只鸡，共计 21 只，求平均值，计算回避距离。

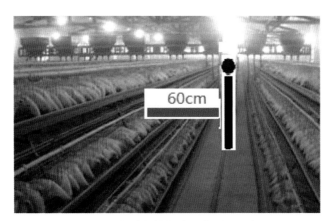

图 3-33　人的身体与鸡距离测定示意图

（3）指标评分　本指标满分为 100，根据评估者手与鸡脚之间的平均距离进行评定（表 3-29）。

表 3-29　回避距离评分表

评估者手与鸡脚之间平均距离（cm）	评分	评估者手与鸡脚之间平均距离（cm）	评分
≤ 10	100	20	80
30	60	40	40
50	20	≥ 60	0

3. 人与动物关系评分

本标准只有蛋鸡回避距离 1 个评价指标，其得分即为本标准得分。

4. 福利改善方案

当该标准福利评分低于 70 分时，表明饲养人员在饲养管理过程中存在管理粗放问题，需要严格规范饲养与管理人员的行为，提高其责任感。通过协调人、机械、鸡只和环境的关系，使生产工艺规范化、管理程序化、操作准确化，给鸡群提供一个适应良好的环境。

四、精神状态

1. 福利标准

精神状态良好。

2. 评价方法

包括新奇物体认知测试和定性行为评估 2 个评价指标。

（1）新奇物体认知测试　见图 3-34。

图 3-34　新奇物体认知测试

①指标性质：基于动物。

②指标测定：进入鸡舍之后待鸡群安静下来时进行观察，在鸡舍内选择 4 个代表性位置（在非笼养饲养模式，这些位置应选择在垫料区；在笼养模式，选择与观测人员胸部等高的鸡笼），将新奇物体（50 cm 长的木棍，上面覆有不同颜色的彩带）放在料槽内或料槽上。在散放饲养方式下，观测人员后退 1.5 m，每隔 10 秒钟（总共 2 分钟）记录一次距离新奇物体不足一只鸡身体长度（30cm 左右）的鸡数。在笼养鸡舍内，将新奇物体放在鸡能够看到的位置（料槽内或料槽的上侧边缘），记录接近该彩色木棍的鸡数。在每一个观测位置连续观测记录 12 次。

③指标评分：首先，根据不同饲养方式，计算距离木棍不足一只鸡体长的理论鸡数 B。对于散养鸡群，B= 鸡群饲养密度（只 /cm^2）×（110cm × 62.5cm），其中木棍长 50 cm，直径 2.5cm，鸡体长 30cm；对于笼养鸡群，B= 鸡群饲养密度（只 /cm）× 50 cm，其中饲养密度以鸡笼饲养鸡数除以鸡笼长度计。然后，计算距离木棍不足一只鸡体长的实际鸡数（A）与理论鸡数的比值：P = A/B × 100%。该指标满分为 100，P 值每降 1%，得分减 1，直至为零。

表 3-30　新奇物体认知测试评分表

P 值	评分	P 值	评分
100%	100	80%	80
60%	60	40%	40
20%	20	0	0

（2）定性行为评估

①指标性质：基于动物。

②指标测定：定性行为评估（QBA）是为了考察蛋鸡的行为表达水平，即蛋鸡相互之间以及与环境之间如何通过行为传递信息，也就是蛋鸡的"肢体语言"。

观测方法为：在鸡舍（或饲养区域）内选择 8 个观察点（取决于鸡舍的大小和结构），数量以完全覆盖鸡舍（或饲养区域）为准。首先需要确定这些观察点的观测顺序，按照顺序进行观察。走入观测点时即刻开始观测，观察半径 2m 内周边鸡只的行为（注意该项观测时间应控制在 20 分钟内）（表 3-31）。

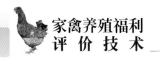

在笼养蛋鸡生产条件下，定性行为的评价可以在鸡舍内选择 8 个观测点，在每个观察点分别观测 5 个蛋鸡笼内蛋鸡的精神状态（正对的鸡笼及左右两侧的各 2 个鸡笼）。

表 3-31　观测区域与时间安排

观测点的数量	1	2	3	4	5	6	7	8
每个观测点的观察时间（分钟）	10	10	6.5	5	4	3.5	3	2.5

在所有选定的观测点上观察完毕后，使用视觉类比评分法（VAS）为 20 项指标进行评分。具体方法是：每一 VAS 评分的取值范围都介于左侧的"最小值"点和右侧的"最大值"点之间，"最小值"意味着在该行为在所观察的所有蛋鸡中均不存在；"最大值"意味着该行为在所观察的所有蛋鸡中都存在（需要注意的是：可能有不止一项行为获得最大值；例如，蛋鸡可以同时呈现平静、满足两种状态）。

蛋鸡定性行为评估（QBA）包括的行为指标共有 23 项，分为积极行为和消极行为，其中积极行为包括：活泼、平静、友好、放松、满足、积极占位、嬉戏、舒适、好奇、自信、精力充沛；消极行为包括：无助、紧张、害怕、瞌睡、恐惧、迷茫、不安、神经质、沮丧、忧伤、愁闷、无聊（详见附录 B）。

在为每一项行为评分时，画一条长度为 125 mm 的直线，并在合适的位置标明刻度。对于积极行为，每项行为的得分就是从"最小值"开始到相应刻度的毫米数。对于消极行为，按其行为表现进行评分，所对应的刻度值越大，意味着该行为越消极，计算得分时的公式为：得分 =（125– 毫米刻度数），该得分与其行为表现为负向关系，即分值越高，消极行为越少（图 3–35）。

图 3-35　定性行为评分方法

③指标评分：对上述定性行为中的 20 项进行评分（0~125 分）后，计算得分。然后对所有观测点的得分进行平均，公式如下：

定性行为得分 = {∑（20 项定性行为评分）}/20/（观测点数）

3. 精神状态评分

本标准包括新物体认知测试和定性行为评估 2 个评价指标，其权重均为 0.5。根据各个指标得分，乘以相应权重，计算本标准得分。

精神状态福利得分 = 新奇物体认知得分 × 0.5 + 定性行为福利得分 × 0.5

4. 福利改善方案

本标准福利评分如果低于85分，需要做好以下技术改进措施。

①做好饲养管理人员的培训工作，避免粗暴对待鸡只。

②检查鸡舍内饲养设施的工作状态，避免异常噪声等的存在。

③做好疫病防控工作，保持鸡舍内空气清洁和垫料干燥，保证鸡群健康。

④在有条件的鸡场可为蛋鸡提供一些环境富集材料或设施，如提供草捆、栖木、沙浴盆、产蛋箱、垫料、玩具等，以促进蛋鸡行为表达，改善其精神状态。

⑤保持适宜的饲养密度和适宜的群体大小。

五、行为模式总体评分

根据社会行为的表达、其他行为的表达、人鸡关系和精神状态4个标准得分，乘以相应权重，计算本原则得分。

行为模式福利得分 = 社会行为状态福利得分 × 0.15 + 其他行为福利得分 × 0.3 + 人鸡关系状态福利得分 × 0.25 + 精神状态福利得分 × 0.3

第五节　操作规程

一、评估流程

详见表3-32。

表3-32　蛋鸡养殖场的指标测定顺序、样本大小和所需时间

指标	抽样方法和动物的抽样数量	时间（分钟）
养殖场死亡率	鸡只死亡数量（不包括淘汰鸡）除以鸡群总数	8
养殖场淘汰率	先确定鸡群的淘汰数量，然后除以鸡群总数	2
产蛋箱的使用	确定鸡蛋在各排和各个产蛋箱内的分布（需要时可咨询鸡场管理人员，查看记录） 计算每只鸡的产蛋箱面积	5
冷颤	观察鸡群（观察3次），计算平均值	1
热喘	观察鸡群（观察3次），计算平均值	1
定性行为评估	观察2-8个位置	30x
新物体认知测试	将物体放在舍内4个不同位置，在每个位置等待3分钟后观测2分钟	35
回避距离测试	对来自7个不同位置的21只鸡进行评估	30

（续表）

指标	抽样方法和动物的抽样数量	时间（分钟）
羽毛损伤、龙骨畸形、鸡冠异常与鸡冠啄伤、皮肤损伤、脚垫皮炎、断喙	选择10个位置，每个位置挑选10只鸡，共100只	180~240
栖架类型和有效长度	栖木总长度/舍内总鸡数	5
饲养密度	舍内总鸡数/有效面积	15
料位	（料槽数量 × 料槽长度）/鸡数	5
饮水面积	（饮水器数量 × 饮水器长度）/鸡数	5
漏缝地面	确定条缝地面的总有面积、类型和修理状态	5
垫料的使用	观察沙浴/抓挠/嬉戏垫料的行为	2
防尘单测试	在开始观察时放入防尘单，在评估结束时检查防尘单。	5
红螨以及其他寄生虫感染率	核查鸡舍环境，观察鸡群同时挑选100只鸡逐只检查（如有可能，死鸡也要检查）	1
打斗行为	观察鸡的打斗行为	1
室外掩蔽物	检查放养场地，计算室外掩蔽物的覆盖率	5
自由放养度 环境丰富度	检查放养场地、阳台（设有掩蔽物）和舍内区域	
脚趾损伤	挑选100只鸡检查（10个位置，每个位置10只鸡）	5
嗉囊肿大 眼部疾病 呼吸道感染 肠炎		
总计		345-405

二、评估要点

（1）挑选出的100只蛋鸡可同时评定多项指标　龙骨畸形、皮肤损伤、鸡冠异常、鸡冠啄伤、脚垫皮炎、断喙和羽毛损伤。

（2）抽样观测　应该抽取来自鸡舍不同位点的蛋鸡进行观察，最好可以代表鸡舍不同区域，尤其是在非笼养模式中需要考虑栖架区、垫料区、条缝地板、阳台、放养场地等位点。抽样点的数量取决于鸡群的饲养方式和鸡群大小。对于笼养系统，应在舍内不同区域和不同笼层抽样。

（3）总体而言　对于不同的指标，评估人员应该从舍内不同的位点抽样和观察。

第四章 肉鸡养殖福利评价技术

对肉鸡饲养过程进行福利评价可以反映出肉鸡饲养过程中存在的营养、饲养管理和环境控制等方面存在的问题，是改进和提高肉鸡饲养管理水平的重要依据。肉鸡养殖过程的福利评估主要以养殖场评估为主，部分观测内容可以在屠宰场内的进行。在养殖场内，肉鸡养殖福利评价指标体系以饲养环节为目标，由原则层、标准层和指标层 3 个层级构成。其中，原则层有 4 项，标准层有 10 项，指标层有 17 项（表 4-1）。

表 4-1 肉鸡养殖福利评价指标体系

福利原则（权重）	福利标准（权重）	福利指标
良好的饲喂条件（0.2）	1 无饲料缺乏（0.4）	采食面积
	2 无饮水缺乏（0.6）	饮水面积
良好的养殖设施（0.3）	3 栖息舒适（0.3）	羽毛清洁度、垫料质量、防尘单测试
	4 温度舒适（0.2）	热喘息频率、冷颤频率
	5 活动舒适（0.5）	饲养密度
良好的健康状态（0.3）	6 体表无损伤（0.4）	跛行、跗关节损伤、脚垫皮炎
	7 没有疾病（0.6）	养殖场的死亡率、养殖场的淘汰率
恰当的行为模式（0.2）	8 良好的人 - 鸡关系（0.2）	回避距离测试（ADT）
	9 良好的精神状态（0.4）	定性行为评估（QBA）
	10 其他行为的表达（0.4）	室外掩蔽物、放养自由度

第一节 饲喂条件

肉鸡饲喂条件的福利评估，包括饲料和饮水的供应是否充分、及时两个方面，饲料、饮水质量应符合 NY/T 5037 和 5027 的相关要求。在养殖场内，可通过每只鸡占有的食槽（或料桶）面积和水线长度（或饮水器数量）进行估测。

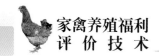
一、饲喂状态

1. 食槽面积（或长度）

（1）福利标准　饲料供应充足，无饲料缺乏现象。

（2）评价方法　以采食面积或料位作为评价指标。

①指标性质：基于设施。

②指标测定：根据食槽数量或长度计算（图4-1、图4-2）。计算鸡舍内每条料线的长度与料线数量或料桶数量和料桶的周长，然后根据舍内饲养鸡只数计算每只肉鸡占有的料位长度（cm/只）。

图4-1　肉鸡料线或料筒

③指标评分：根据每种类型的饲喂器数量和每种饲喂器所推荐饲养的鸡数，计算实际拥有的全部饲喂器所推荐饲养的鸡数（NR）。然后计算鸡舍实际饲养数量（N）与鸡群推荐饲养数量的比值：P = N/NR × 100，P代表鸡舍实际饲养数量与鸡群推荐饲养数量的相符度。

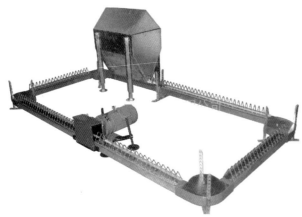

图4-2　肉鸡平链式料线

该指标满分为100，鸡舍实际饲养数量与鸡群推荐饲养数量相比每超1%，得分减1，直至为零（表4-2、表4-3）。

表4-2 肉鸡料线与水线面积

	料线长度	水线长度
RSPCA	单侧料线：24mm 双侧料线：12.5mm 料筒：16mm	塔式饮水器：1/100只 乳头式饮水器：1/10只
爱拔益加公司	链式料线：25mm 料筒：个/45~80只 Tuber feeder：38cm直径/70只	乳头式饮水器：1/12只或超过3kg体重以上1/9~10只 塔式饮水器：8个（直径40cm）/1000只
家禽生产学	直径38cm料筒3个/100只或50mm料位	塔式饮水器：1个/125只

表4-3 饲喂设施福利评分表

P值	评分	P值	评分
≤ 100	100	120	80
140	60	160	40
180	20	≥ 200	0

2. 体重

在养殖场内对肉鸡饲喂条件进行评价，检查肉鸡体重是否达到品种要求。

（1）福利标准：肉鸡体重符合品种要求。

（2）评价方法：以瘦弱率作为评价指标。

①指标性质：基于动物。

②指标测定：随机抽检1/100只肉鸡，称重检查，体重低于标准体重20%视为体重不合格，计算不合格率（P）。

③指标评分：本指标满分为100，当P = 0时，得分为100；P值每升高1，得分降低1，直至为零（表4-4）。

表4-4 体重合格率评分表

P值	得分	P值	得分
0	100	20	80
40	60	60	40
80	20	100	0

3. 饲喂状态评分

本标准包括采食面积（养殖场内测定）和体重合格率（养殖场或屠宰场内评分）两个评价指标，其权重分别为 0.5 和 0.5。根据各指标得分，乘以相应权重，计算本标准得分。

饲喂状态福利得分 = 采食面积得分 × 0.5 + 体重不合格率得分 × 0.5

4. 福利改善方案

本标准福利得分低于 95 分，需要采取以下管理与技术措施。

①提供充足长度或数量的饲喂设备，如链式饲喂器、圆形料桶或盘式喂料器等；或降低饲养密度。

②检查颗粒饲料的质量，包括粒度、粉化度和硬度等：0~10 天采用破碎料，11~24 天采用 2mm–3.5mm 粒度的颗粒饲料，25 天以上采用 3.5mm 的颗粒料（图 4–3）。

③必须提供给肉鸡全价饲料和营养，使得所有肉鸡都可以维持好的健康，满足它们的生理需求，避免肉鸡的代谢和营养失调。

④饲料中不应该存在不适当的成分，给肉鸡健康造成伤害，包括禁止使用国家禁止使用的饲料原料配制饲料、饲料及饲料添加剂中不能含有国家法律法规禁止使用的化学品、使用合适的饲料药物添加剂等。

图 4-3　肉鸡颗粒饲料

二、饮水状态

1. 福利标准

饮水供应充足，无饮水缺乏现象。

2. 评价方法

以饮水面积作为评价指标。

（1）指标性质　基于设施。

（2）指标测定　根据饮水器类型计算舍内饮水器的总数（图4-4）。乳头饮水器：计算每米内的乳头饮水器数量，然后乘以水线总长。水杯：计算每米内的水杯数量，然后乘以水线总长。钟式饮水器：估测舍内钟式饮水器的数量。

（3）指标评分　根据每种类型的饮水器数量和每种饮水器所推荐饲养的鸡数（NR，见表4-1），计算实际拥有的全部饮水器所推荐饲养的鸡数。

计算鸡舍实际饲养数量（N）与鸡群推荐饲养数量的比值：$P = N/NR \times 100$，P代表鸡舍实际饲养数量与鸡群推荐饲养数量的相符度。该指标满分为100，鸡舍实际饲养数量与鸡群推荐饲养数量相比每超1%，得分减1，直至为零（表4-5）。

图4-4　肉鸡饮水器

表4-5　饮水设施评分表

P值	评分	P值	评分
≤ 100	100	120	80
140	60	160	40
180	20	≥ 200	0

3. 饮水状态评分

本标准只有饮水面积1个评价指标，其得分即为本标准得分。

4. 福利改善方案

本标准评分低于95分需要进行改进。具体措施：

①提供充足的饮水设备，如水槽、乳头饮水器和钟形饮水器等，并防止鸡场因意外事故而断水，尤其是在夏季。

②在夏季，为保证充足的饮水供应，可考虑适当增加每只鸡所占有的饮水设施数量或降低饲养密度。

③经常检查乳头是否阻塞、水量是否充足，定期清理供水系统，核查电力供应，防止鸡场因意外事故而断水。

④水线应每日进行冲洗、消毒，防止污染。此外，应控制水质（矿物质含量与微生物污染），饮水应符合饮用水的卫生标准，水质良好。

⑤饮水与肉鸡日龄、采食量、环境温度和湿度、日粮和营养成分、群体健康和生产管理（如接种疫苗）有关，也可能受到饥饿和应激的影响。因此，日常耗水量可以作为潜在问题出现的早期预警参数，水表是一种必要的管理工具。当饮水量发生变化时需要检查鸡群健康状态。

三、饲喂条件总体评分

根据饲喂状态和饮水状态两个标准得分，乘以相应权重（见表4-1），计算本原则得分。

饲喂条件福利得分 = 饲喂状态得分 × 0.4 + 饮水供应状态得分 × 0.6

第二节　养殖设施

肉鸡养殖设施的福利评估，包括栖息状态、冷热状态和运动状态3个方面。

一、栖息状态

1.福利标准

栖息舒适。

2.评价方法

包括羽毛清洁度、垫料质量和舍内空气灰尘含量3个评价指标。

（1）羽毛清洁度

①指标性质：基于动物。

②指标测定：家禽羽毛具有保温和避免皮肤感染等功能，健康的家禽会花较多时间梳理羽毛，羽毛变湿或被垫料、粪便和尘垢弄脏，则丧失其保护功能。因此，尘垢或粪便污染对于家禽福利具有显著影响，评估羽毛的清洁度非常重要（图4-5）。

方法：每群至少评估100只肉鸡。在禽舍内选择10个区域，每个区域挑选10只肉鸡；其中，2个区域靠近饮水器，2个区域靠近饲喂器，3个区域靠近墙壁，3个区域远离饮水器和饲喂器（休息区）。检查肉鸡的胸部，按照附录C所述方法进行评分。如果鸡群的运动性很强（例如，在自由放养系统内），可把鸡群隔成几个小栏，然后再进行评估。利用下面描述的分类等级进行评分。

在鸡群水平上测定：评分为"A"（干净）的鸡所占百分率；评分为"B"（稍脏）的

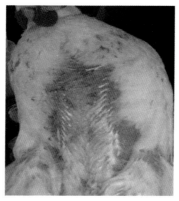

图4-5 肉鸡羽毛清洁度

鸡所占百分率；评分为"C"（较脏）的鸡所占百分率；评分为"D"（很脏）的鸡所占百分率。

③指标评分：根据稍脏（B）、较脏（C）和很脏（D）的肉鸡百分比，计算鸡群的清洁度指数：I =[1－(B × 0.15 + C × 0.50 + D × 1)] × 100%

其中，稍脏、较脏、很脏的三类肉鸡的权重分别为0.15、0.54和1。该指标满分为100，I值每降1%，得分减1，直至为零（表4-6）。

表4-6 羽毛清洁状态评分表

I值	评分	I值	评分
100%	100	80%	80
60%	60	40%	40
20%	20	0	0

（2）垫料质量

①指标性质：基于设施和管理。

②指标测定：垫料质量状态能够反映垫料的管理是否妥当，垫料状态差会导致鸡群的皮肤和脚部损伤（图4-6）。

方法：在禽舍内选择5个区域进行观测。其中至少应包括以下4处不同的地方：饮水器和饲喂器下方、鸡舍边缘、靠近门口的地方等。注意查看鸡舍内的垫料厚度是否存在较大变异。如果厚度变异较大，并且分布不均匀，则需要确保观测的区域涵盖这些区域，以全面反映鸡舍垫料的整体变异性。具体方法是在选择的区域内慢慢行走，感受行走的状态，根据以下状态进行评定。

0－完全干燥，脚在上面行走自如；1－干燥，但不易于脚在上面行走；2－脚在上面留

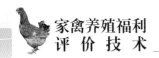

印，压缩成球，但球不稳固；3- 粘鞋，极易压缩成球；4- 结块或结层破裂后粘鞋。

图 4-6　肉鸡垫料状态（左侧松软，右侧板结）

③指标评分：首先，根据测定区域的垫料质量等级，计算各个位点的得分；然后，所有位点求平均值（表 4-7）。

表 4-7　垫料质量评分表

垫料质量等级	评分	垫料质量等级	评分
4（潮湿 / 粘连）	0	3	25
2	50	1	75
0（干燥）	100		

（3）空气灰尘含量

①指标性质：基于管理

②指标测定：使用一张 A4 大小的黑色纸进行鸡舍内灰尘数量的测试。具体方法是进入鸡舍后，将纸张放在一个平板上，置于鸡舍两端及中间部位的水线高度，并离喂料斗、食槽或其他设备（产尘）较远的地方，并注意不要让鸡只碰到。放置 30 分钟后，观测纸张上的灰尘数量（图 4-7）。

图 4-7　肉鸡舍灰尘数量评估

对纸张上的灰尘数量做如下评分：0- 无；1- 很少；2- 略有覆盖；3- 很多灰尘；4- 完全看不出纸张的黑色。

③指标评分：根据测定区域的灰尘含量，计算各个位点的得分；然后，所有位点求平均值（表 4-8）。

表 4-8　鸡舍灰尘评分表

级别	灰尘单观测情况	得分
4	看不出纸张颜色	0
3	很多灰尘，只能看出部分纸张颜色	25
2	略有覆盖	50
1	有一点灰尘	75
0	没有灰尘，纸张清晰可见	100

3. 栖息状态评分

本标准包括羽毛清洁度、垫料质量和舍内空气灰尘含量 3 个评价指标，其权重分别为 0.3、0.4 和 0.3。根据各个指标得分，乘以相应权重，计算本标准得分。

栖息状态福利得分 = 羽毛清洁度得分 × 0.3 + 垫料质量得分 × 0.4 + 空气灰尘含量得分 × 0.3

4. 福利改善方案

保证饲养环境的清洁卫生，完善粪污及排水系统，及时清除生产垃圾及粪水。鸡舍全

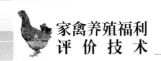
面清洗和消毒后，铺上 8~10cm 厚的新垫料，并用高效低毒消毒药喷洒，消毒垫料。使垫料保持有 20%~25% 的含水量，当低于 20% 时，垫料中的灰尘就成了严重问题，当高于 25%，垫料就变潮湿并结成块状。对已潮湿和结块的垫料，须用新垫料全部更换，且铺回到原来的厚度。鸡舍空气中的粉尘有一部分是由通风换气从舍外带入的，有条件的鸡舍可在进风口安装空气过滤系统。

二、冷热状态

1. 福利标准
温度舒适，肉鸡无热喘和冷颤现象。

2. 评价方法
包括热喘息率和冷颤率 2 个评价指标。

（1）热喘息率

①指标性质：基于动物。

②指标测定：高温可以导致家禽喘息，肉鸡由于生长速度快，尤其是在生长后期对高温更为敏感（图 4-8）。

方法：挑选 5 个具有代表性的区域检查肉鸡的呼吸状态，每个区域目测 100 只鸡中出现热喘息的只数（5 个区域共计 500 只），计算出现热喘息鸡的百分率。

③指标评分：根据每一观测区域内出现热喘息肉鸡所占的百分率，计算 5 个区域的观测平均值（表 4-9）。

图 4-8 肉鸡热喘息

表 4-9 肉鸡热喘息评分表

鸡群状态	评分	鸡群状态	评分
所有肉鸡都喘息	0	75% 以上的肉鸡喘息	20
超过一半的肉鸡喘息	40	接近一半的肉鸡喘息	60
少数肉鸡喘息	80	没有肉鸡喘息	100

（2）应激反应冷颤率

①指标性质：基于动物。

②指标测定：肉仔鸡在生长前期对温度需求较高，在秋冬季节或当舍温因高通风率而骤降时，极易受到冷应激（图4-9）。

挑选5个具有代表性的区域进行检查，如果肉鸡出现蜷缩身体现象，在每个区域内目测出现冷颤及蜷缩现象的鸡在鸡群所占的比例。在使用育雏器或加热器的鸡舍，肉鸡可能会聚集在角落内，此时，还需要估测整个群体中扎堆鸡所占的比例。

图4-9　肉鸡冷应激

③指标评分：根据每一个观测区域内出现冷颤及蜷缩现象肉鸡的百分率，计算所有位点的平均值（表4-10）。

表4-10　肉鸡冷应激评分表

鸡群状态	评分	鸡群状态	评分
所有肉鸡都蜷缩	0	75%以上的肉鸡蜷缩	20
超过一半的肉鸡蜷缩	40	接近一半的肉鸡蜷缩	60
少数肉鸡蜷缩	80	没有肉鸡蜷缩	100

3. 冷热状态评分

本标准包括热喘息率和冷颤率2个评价指标，其权重分别为0.5和0.5。根据两个指标得分，乘以相应权重，计算本标准得分。

冷热状态福利得分＝热喘息状态得分 ×0.5＋冷应激状态得分 ×0.5

4. 福利改善方案

本标准福利评分低于90分，需要对鸡舍的环境控制设施进行检查评估：

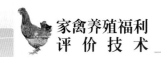

①核查加热设施，检查加温设施功率及负荷是否能够满足鸡舍的供热需求，检查鸡舍内温度分布是否均匀。

②检查鸡舍的通风系统，是否存在有贼风的区域。

③检查鸡舍的降温设施，核查鸡舍的通风均匀度。

④检查地面的潮湿度和保温情况，在地面平养模式中需要考虑地面的保温性能能否满足保温要求。

⑤检查鸡舍围护结构的保温性能，其热阻值能否满足需要。

⑥要根据鸡的生理阶段提供相应的生活环境条件，适当增加温度和湿度控制设备，提供其生长最适温度和湿度，并保障鸡舍通风。

⑦加强鸡舍内温、湿度的监测。温度测定要求：温度计应离热源 2.5~3 m 处悬挂，夏季温度计下端离鸡背上方 5 cm，冬季温度计下端低于网床 3~5 cm；保证温度计或感温探头不与鸡体直接接触，至少有 10 cm 的距离。

三、运动状态

1. 福利标准

活动舒适。

2. 评价方法

以饲养密度作为评价指标（图 4-10）。

（1）指标性质　基于设施。

（2）指标测定　计算鸡舍可用空间的总面积（m²）和鸡舍内肉鸡饲养总数。测量禽舍的面积时需要扣除鸡舍设备（饲喂器、饮水器、舍内的建筑结构等）所占面积。

图 4-10　肉鸡饲养密度

（3）指标评分　按实测饲养密度与标准饲养密度（表 4-11）相比较，计算肉鸡的活动舒适度评分。计算鸡舍实际饲养数量（N）与鸡群推荐饲养数量（NR）的比值：P =N/NR × 100，P 代表鸡舍实际饲养数量与鸡群推荐饲养数量的相符度。该指标满分为 100，鸡舍实际饲养数量与鸡群推荐饲养数量相比每超 1%，得分减 1，直至为零（表 4-12）。

表 4-11　肉鸡饲养密度推荐值

	饲养密度
欧盟（2007）	33kg/m²；环境适宜时可提高至 39kg/m²
RSPCA　舍饲	30kg/m² 或 19 只 /m²
散放饲养	27.5kg/m² 或 13 只 /m²
有机养殖	固定式鸡舍：21kg/m²，移动式鸡舍 30kg/m²
美国（NCC，2005）	轻型肉鸡：32kg/ m²，大型肉鸡：41.5kg/ m²
美国肉鸡产业行业推荐	夏季：30kg/ m²，冬季：36kg/m²
国外研究推荐值 [1]	34~38kg/ m²
家禽生产学 [2]	30kg/ m²，夏季酌情降低
爱拔宜加肉鸡公司　出栏体重1.8kg	地面平养：夏季10~12 只 /m²；其他季节 12~14 只 /m² 网上平养：夏季12~14 只 /m²；其他季节 13~16 只 /m²
出栏体重 2.5kg	地面平养：夏季 8~10 只 /m²；其他季节 10~12 只 /m² 网上平养：夏季 10~12 只 /m²；其他季节 10~13 只 /m²

1 引自 Estevez, I. 2007. Poultry Science 86: 1265–1272。

2 引自《家禽生产学》（第二版），杨宁主编，中国农业出版社。

表 4-12　饲养密度福利评分表

p 值	评分	p 值	评分
≤ 100	100	120	80
140	60	160	40
180	20	≥ 200	0

3. 运动状态评分

本标准只有饲养密度 1 个评价指标，其得分即为本标准得分。

4. 福利改善方案

本标准福利评分低于 90 分时，需要根据鸡舍内的空气环境质量情况适当调整饲养密度，尤其是在夏季或鸡舍空气质量存在一定问题时。

四、养殖设施总体评分

根据栖息状态、冷热状态和运动状态 3 个标准得分，乘以相应权重（见表4-1），计算本原则得分。

养殖设施福利得分 = 栖息状态得分 × 0.3 + 冷热状态得分 × 0.2 + 运动状态得分 × 0.5

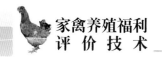

第三节 健康状态

健康状态是关系肉鸡饲养成败的关键，也是肉鸡福利水平的重要体现。对于肉鸡健康状态的评价需要从以下两个方面进行：体表状态和疾病状况。

一、体表状态

1. 福利标准

体表无损伤。

2. 评价方法

包括步态、跗关节损伤和脚垫损伤 3 个评价指标。

（1）步态

①指标性质：基于动物。

②指标测定：跛行是指一条腿或两条腿出现残疾，严重程度从负重能力下降或不能承受体重到完全丧失运动能力不等（图 4-11）。

方法：选择接近屠宰日龄的肉鸡进行评估。在鸡舍内随机位置捕捉大约 150 只鸡，圈在一起（散放饲养的鸡群可以适当减少评估数量），将肉鸡逐只放出圈栏，根据它的行走状态给予评分。评分标准如下：

0：正常、灵活、敏捷；1：稍有异常，但难以定义；2：清晰可见的异常；3：明显畸形，影响运动能力；4：严重畸形，只能略走数步；5：不能行走。

图 4-11 肉鸡步态评分

计算每一等级（0、1、2、3、4、5）的鸡数，计算每一等级（0、1、2、3、4、5）的百分率。

③指标评分：根据轻度残疾（a，2 级）、中等残疾（b，3 级）和严重残疾（c，4~5

级）的肉鸡百分比，计算鸡群的腿部健康指数：

$$I = [1 - (a \times 0.1 + b \times 0.5 + c \times 1)] \times 100\%$$

其中，轻度残疾、中度残疾、严重残疾的三类肉鸡的权重分别为 0.1、0.5 和 1。

该指标满分为 100，I 值每降 1%，得分减 1，直至为零（表 4-13）。

表 4-13 肉鸡步态评分表

I 值	评分	I 值	评分
100%	100	80%	80
60%	60	40%	40
20%	20	0%	0

（2）跗关节损伤

①指标性质：基于动物。

②指标测定：跗关节损伤是一种常见于跗关节背面的接触性皮炎（图 4-12），是由于垫料粪便的灼烧导致的皮肤损伤。

方法：每群至少评估 100 只肉鸡。在禽舍内选择 10 个区域，每个区域挑选 10 只肉鸡。其中，2 个区域靠近饮水器，2 个区域靠近饲喂器，3 个区域靠近墙壁，3 个区域远离饮水器和料槽。跗关节损伤评估等级参照图 4-12 标准进行。

A：0 级，跗关节无损伤；B：1~2 级，跗关节轻度损伤；C：3~4 级，跗关节明显损伤。

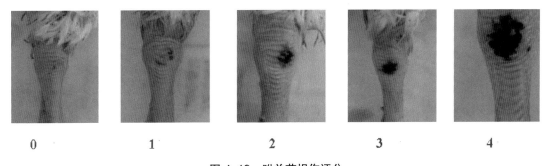

0   1   2   3   4

图 4-12 跗关节损伤评分

③指标评分：根据跗关节轻度损伤（B）和重度损伤（C）的肉鸡百分比，计算鸡群的跗关节健康指数：

$$I = [1 - (B \times 0.5 + C \times 1)] \times 100\%$$

其中，跗关节轻度损伤和重度损伤的两类肉鸡的权重分别为 0.5 和 1。该指标满分为 100，I 值每降 1%，得分减 1，直至为零（表 4-14）。

表 4-14　肉鸡跗关节损伤评分表

I值	评分	I值	评分
100%	100	80%	80
60%	60	40%	40
20%	20	0%	0

（3）脚垫损伤

①指标性质：基于动物。

②指标测定：脚垫皮炎是一种常见于脚部皮肤的接触性皮炎，多数发生于脚垫中心，有时也见于脚趾（图4-13），是由于粪尿对皮肤的灼烧造成的损伤。

方法：每群至少评估100只肉鸡。在禽舍内选择10个区域，每个区域挑选10只肉鸡；其中，2个区域靠近饮水器，2个区域靠近饲喂器，3个区域靠近墙壁，3个区域远离饮水器和食槽。测定标准如下：

A：0级，脚垫无损伤；B：1~2级，脚垫轻度损伤；C：3~4级，脚垫明显损伤。

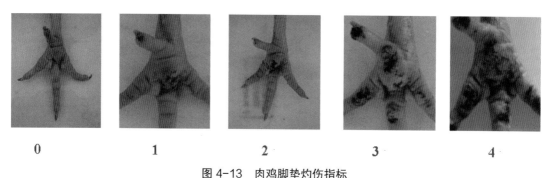

| 0 | 1 | 2 | 3 | 4 |

图 4-13　肉鸡脚垫灼伤指标

③指标评分：根据脚垫轻度损伤（B）和重度损伤（C）的肉鸡百分比，计算鸡群的脚垫健康指数：

$$I = [1 - (B \times 0.5 + C \times 1)] \times 100\%$$

其中，脚垫轻度损伤和重度损伤的两类肉鸡的权重分别为0.5和1。该指标满分为100，I值每降1%，得分减1，直至为零（表4-15）。

表 4-15　脚垫损伤评分表

I值	评分	I值	评分
100%	100	80%	80
60%	60	40%	40
20%	20	0%	0

（4）胸囊肿

①指标性质：基于动物。

②指标测定：胸囊肿源自龙骨皮炎（胸部中心区域），症状表现为皮肤软化，有时褪色或感染变黏，像磨出的水泡（图4-14）。该项指标的评估可以在屠宰场内进行，也可由有经验的技术人员在养殖场内进行评估。测定指标为测定患有胸囊肿的肉鸡百分率。具体方法是：

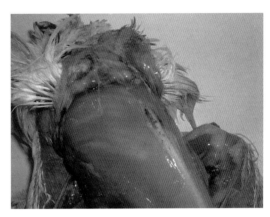

图4-14 肉鸡胸囊肿

每群至少评估100只肉鸡。在禽舍内选择10个区域，每个区域挑选10只肉鸡；其中，2个区域靠近饮水器，2个区域靠近饲喂器，3个区域靠近墙壁，3个区域远离饮水器和食槽。记录具有胸囊肿的肉鸡数量，计算患有胸囊肿的肉鸡百分率。

③指标评分：本指标满分为100，患有胸囊肿的肉鸡百分率每升高1%，得分减1（表4-16）。

表4-16 肉鸡胸囊肿评分表

患有胸囊肿的肉鸡百分率	得分	患有胸囊肿的肉鸡百分率	得分
0%	100	20%	80
40%	60	60%	40
80%	20	100%	0

3. 体表状态评分

本标准包括步态、跗关节损伤、脚垫损伤（养殖场或屠宰场内测定）和胸囊肿4个评价指标，其权重分别为0.4、0.2、0.2和0.2。

体表状态得分 = 步态得分 × 0.4 + 跗关节损伤得分 × 0.2 + 脚垫损伤得分 × 0.2 + 胸囊肿得分 × 0.2。

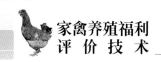
4.福利改善方案

肉鸡趴卧时间占主要比重，其体表的健康状态与垫料类型和质量密切相关。本标准的福利评分低于 85 分时，需要考虑采取以下技术措施。

①选择适宜的垫网类型，垫网的材料应具有一定的宽度和弹性，防止勒伤及造成血液循环不畅，降低腿、脚及胸部的疾患发病率及发病程度。

②注意监视垫料的湿度，及时更换和添加新垫料，保证垫料干燥、清洁。

③光照影响肉鸡活动，进而影响肉鸡腿部健康。在 24 小时内至少应当提供 6 个小时的连续黑暗环境，使肉鸡有适当的休息时间。

二、疾病状况

1.福利标准

没有疾病。

2.评价方法

包括死亡率和淘汰率 2 个评价指标。

（1）养殖场死亡率

①指标性质：基于管理。

②指标测定：计算一个生产周期内的肉鸡死亡率（可根据养殖场的工作记录计算）。

③指标评分：该指标不单独计算得分。

（2）养殖场淘汰率

①指标性质：基于管理。

②指标测定：计算一个生产周期内的肉鸡淘汰率（可根据养殖场的工作记录进行，或使用家禽入舍数量减去家禽死亡数量与出栏数量），注意淘汰率不包括那些死亡的鸡只。

③指标评分：该指标不单独计算得分。

3.疾病状况评分

本标准包括死亡率、淘汰率（养殖场内测定）、腹水症、脱水症、肝炎、心包炎、败血症、脓肿 8 个评价指标（屠宰场内测定），有关其得分的具体计算方式见本章第六节。

4.福利改善方案

对于存在死淘率高、鸡群发病率高的肉鸡群，需要采取以下措施。

①加强全场的生物安全措施，检查鸡场的卫生防疫设施、隔离设施、人员消毒和车辆消毒设施是否齐全，防疫措施执行是否严格。

②检查饲养管理中是否存在漏洞，如饲料污染、鼠害、野生动物进入鸡舍等，建立定期消毒和消灭老鼠、蚊蝇等有害动物的制度，及时堵塞漏洞。

③核实免疫程序是否妥当，所使用的疫苗来源及免疫时机是否妥当。

④检查鸡舍环境控制及管理存在的问题，如舍内有害气体（NH_3）、粉尘和病原微生物浓度。

⑤建立定期抗体监测制度。

三、健康状况总体评分

根据体表状态和疾病状况 2 个标准得分，乘以相应权重（见表 4–1），计算本原则得分。

健康状态得分 = 体表状态得分 × 0.4 + 疾病发生情况得分 × 0.6

第四节 行为模式

恰当的行为模式是肉鸡福利状态评价的重要内容之一，异常行为的出现意味着饲养过程中存在着限制正常行为表达的因素。肉鸡行为模式评价包括人类 – 鸡群关系、精神状态和其他行为的表达 3 个方面。

一、人与鸡群关系

1. 福利标准

人 – 鸡关系良好（图 4–15）。

2. 评价方法

测定肉鸡对人的回避距离。

（1）指标性质　基于动物，在个体水平上测定。

（2）指标测定　评估人员在禽舍内选择 20 个不同的位置进行观测，观测方式是评估者接近肉鸡群（至少 3 只），蹲坐 10 秒钟后计算在臂长范围内的肉鸡数量（A，亦即距离观察者 1 米范围的半圆内的鸡只数）。

图 4-15　人鸡关系评价

（3）指标评分　如果肉鸡在舍内分布均匀，则本项指标的标准值（B）为：该鸡舍饲养密度 ×（π/2）（观察者正面为半径1m的半圆），计算I值：I=（A/B）×100% 该指标满分为100，I值每降1%，得分减1，直至为零。先计算各个位点或各次测定的得分，然后求平均值（表4-17）。

表4-17　人鸡关系评分表

实际肉鸡数/理论肉鸡数	评分	实际肉鸡数/理论肉鸡数	评分
100%	100	80%	80
60%	60	40%	40
20%	20	0%	0

3. 人与鸡群关系评分

本标准只有回避距离1个评价指标，其得分即为本标准得分。

4. 福利改善方案

本标准得分低于85分，表明人鸡关系存在问题，需要在管理上进行改进，包括：

①严格规范饲养与管理人员的行为，提高其责任感，在日常饲养管理中禁止粗暴对待鸡只等不当行为。

②在日常管理中，经常巡视和观察鸡群，减少鸡群对工作人员的陌生感和恐惧感。

③通过协调人、机械、鸡只和环境的关系，使生产工艺规范化、管理程序化、操作准确化，给鸡群提供一个适应良好的环境。

二、精神状态

1. 福利标准

鸡群精神状态良好。

2. 评价方法

对肉鸡精神状态进行定性评估。

（1）指标性质　基于动物。

（2）指标测定　通过定性行为评估（QBA）考察肉鸡的行为表达水平。具体方法是：在鸡舍内选择8个具有代表性的观察点（具体数量根据鸡舍的大小和结构确定，能够覆盖鸡舍的不同区域为宜），确定观察点的观测顺序。走到选定的观测点后即刻开始观测，观察半径2m内的鸡只的行为。注意该项观测时间应控制在20分钟内（表4-18）。

表4-18　肉鸡定性行为评定时间分配表

观测点的数量	1	2	3	4	5	6	7	8
每个观测点的观察时间（分钟）	10	10	6.5	5	4	3.5	3	2.5

在所有选定的观测点上观察完毕后，使用视觉类比评分法（VAS）为 20 项指标进行评分。具体方法是：每一 VAS 评分的取值范围都介于左侧的"最小值"点和右侧的"最大值"点之间，"最小值"意味着该行为在所观察的所有肉鸡中均不存在；"最大值"意味着该行为在所观察的所有肉鸡中都存在（需要注意的是：可能有不止一项行为获得最大值；例如，肉鸡可以同时呈现平静、满足两种状态）。

在为每一项行为评分时，画一条长度为 125 mm 的直线，并在合适的位置标明刻度。对于积极行为，每项行为的得分就是从"最小值"开始到相应刻度的毫米数。对于消极行为，按其行为表现进行评分，所对应的刻度值越大，意味着该行为越消极，计算得分时的公式为：得分 =（125− 毫米刻度数），该得分与其行为表现为负向关系，即分值越高，消极行为越少（图 4−16）。

图 4-16　肉鸡定性行为评分图

肉鸡定性行为评估（QBA）需要从以下 23 项精神状态指标中选择 20 项进行评定，相关行为表现分为积极行为和消极行为，其中积极行为包括：活泼、平静、友好、放松、满足、积极占位、嬉戏、舒适、好奇、自信、精力充沛；消极行为包括：无助、紧张、害怕、瞌睡、恐惧、迷茫、不安、神经质、沮丧、忧伤、愁闷、无聊（详见附录 C）。

（3）指标评分　对上述定性行为中的 20 项进行评分（0~125 分）后，计算得分。然后对所有观测点的得分进行平均，公式如下：

定性行为得分 ={ Σ（20 项定性行为评分）}/20/（观测点数）

3.精神状态得分

本标准只有定性行为评估 1 个评价指标，其得分即为本标准得分。

4.福利改善方案

本标准福利评分如果低于 85 分，需要做好以下技术改进措施。

①做好饲养管理人员的培训工作，避免粗暴对待鸡只。

②检查鸡舍内饲养设施的工作状态，避免异常噪声等的存在。

③做好疫病防控工作，保持鸡舍内空气清洁和垫料干燥，保证鸡群健康。

④在有条件的鸡场可为肉鸡提供一些环境富集材料或设施，如提供草捆、栖木、沙浴盆、垫料、玩具等，以促进肉鸡积极行为的表达，改善其精神状态。

⑤保持适宜的饲养密度和适宜的群体大小。

⑥做好疫病防控工作，保证鸡群健康。

三、其他行为表达

1.福利标准

具有适宜的户外场地使用率。

2.评价方法

包括室外掩蔽物和自由放养度两个评价指标。

（1）室外掩蔽物

①指标性质：基于设施。

②指标测定：本项指标只适用于自由放养或粗放式养殖系统。如果无放养场地，则本项指标无需评估（记为0）。

室外的掩蔽物既可以是植被也可以是人工掩体（如帐篷、屋檐或高架的伪装网，图4-17）。评估方法为：估测场地被树木、丛林或人工掩体覆盖的百分率。

图4-17 肉鸡放养场地状态评价

③指标评分：将室外掩蔽物的覆盖率分为6个等级，每个等级对应一个得分（表4-19）。

表4-19 舍外场地掩蔽物状态评分表

室外掩蔽率	评分	室外掩蔽率	评分
0%	0	20%	20
40%	40	60%	60
80%	80	100%	100

（2）自由放养度

①指标性质：基于设施。

②指标测定：本项指标只适用于自由放养或散放养殖系统（图4-18）。如果没有放养

场地，则本项指标不适用（将被记为 0 ）。方法是估算舍外场地的肉鸡数量，用下面公式计算整个鸡群对于放养场地的使用率：

肉鸡对于放养场地的使用率（%）=（场地内肉鸡数量 / 存栏鸡数）×100

③指标评分：根据户外场地的使用比例划分为 6 个等级，每个等级对应一个得分（表4-20）。

表 4-20　放养场地使用率评分表

户外散养肉鸡的比例	评分	户外散养肉鸡的比例	评分
0%	0	20%	20
40%	40	60%	60
80%	80	100%	100

3. 其他行为表达的评分

本标准包括自由放养度和室外掩蔽物两个评价指标，其权重分别为 0.6 和 0.4。根据标准得分，乘以相应权重，计算本标准得分。

其他行为得分 = 自由放养度得分 ×0.6 + 室外遮蔽物状态得分 ×0.4

图 4-18　自由放养场地与掩蔽物使用情况

4. 福利改善方案

在散放饲养模式中，如果本标准得分低于 70 分，则表明室外放养场地存在问题，需要进行改进，具体技术与管理措施包括使肉鸡进入户外自由放养，在室外场地上种植植物，设置掩体，为肉鸡提供"庇护"场所，尽量避免使用太过空旷的场地。

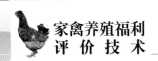

四、行为模式总体评分

根据人鸡关系、精神状态和其他行为的表达 3 个标准得分，乘以相应权重（见表 4-1），计算本原则得分。

行为模式状态得分 = 人鸡关系得分 × 0.2 + 精神状态得分 × 0.4 + 其他行为表达得分 × 0.4

第五节　操作规程

一、评估流程

指标不同，肉鸡的抽样数量不同，详细操作流程见表 4-21。

表 4-21　肉鸡养殖福利之养殖场内的指标测定顺序、样本大小和所需时间

指标	抽样方法和动物的抽样数量	所需时间（分钟）
热喘	观测 5 个区域，每个区域观察 100 只鸡	5
冷颤		5
定性行为评估	观察 1~8 个位置	20
回避距离测试	观测 21 地点，在每个地点静立 10 秒后，观测 30 秒	20
跛行	从 4 个地点选择 150 只鸡	40
羽毛清洁度	选择 10 个地点，每个地点挑选 10 只鸡，共计 100 只鸡	3 个指标可以一起评估，共计 60 分钟
脚垫皮炎		
跗关节损伤		
垫料质量	在禽舍内选择 5 个区域进行评估	每个区域 2 分钟，共计 10 分钟
饲养密度	鸡群总数 / 地面有效面积	5
饮水面积	（饮水器数量 × 饮水器面积）/ 鸡群总数	5
防尘单测试	在代表性位置进行评估	5
室外掩蔽物	对 3 间鸡舍的群体进行评估	5
自由放养度	对 3 间鸡舍的群体进行评估	5
鸡场死亡率	鸡群死亡数量 / 鸡只总数	5
鸡场淘汰率	鸡群淘汰数量 / 鸡只总数	5
总计		195 分钟

二、评估注意事项

①肉鸡养殖过程福利评估的适宜时间为出栏前，为不与屠宰时间或其他计划发生冲突，建议肉鸡在屠宰前 5 天之内进行评估。

②步态评分、喘息率、蜷缩率和垫料质量应该在相同的地点进行评估，评估者应该在禽舍内观察 4~6 个区域，这些区域在禽舍内的分布应该良好，能够反映垫料的整体变异性和厚度变化。

③脚垫皮炎、羽毛清洁度和跗关节损伤的评估使用同一群肉鸡。

④对于脚垫皮炎、羽毛清洁度和跗关节损伤，每群至少评估 100 只肉鸡。在禽舍内选择 10 个区域，每个区域挑选 10 只肉鸡；其中，2 个区域靠近饮水器，2 个区域靠近饲喂器，3 个区域靠近墙壁，3 个区域远离饮水器和饲喂器（休息区）。

第六节　屠宰场测定

肉鸡饲养的福利水平也可以在屠宰场内得到评价。屠宰场内开展的肉鸡养殖福利评价指标体系由原则层、标准层和指标层 3 个层级构成（表 4-22）。其中，原则层有 2 项，标准层有 3 项，指标层有 10 项。

屠宰场内这些评价指标和评价结果可以独立使用，用于对饲养过程的福利评价；也可以与在养殖场内测定的指标合并考虑，形成肉鸡养殖福利水平的总体评估结果。

表 4-22　肉鸡养殖福利评价——屠宰场评定体系

福利原则	福利标准	福利指标
良好的饲喂条件	1 无饲料缺乏	瘦弱率
良好的健康状态	2 体表无损伤	胸囊肿、跗关节损伤、脚垫皮炎
	3 没有疾病	腹水症、脱水症、败血症、肝炎、心包炎、脓肿

一、饲喂条件

在屠宰场内对肉鸡的饲喂条件进行评价，主要是根据肉鸡体重是否达到品种要求而对养殖过程中的饲养和饲喂设施进行评价。

1. 福利标准

肉鸡体重符合品种要求。

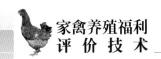

2.评价方法

以体重合格率作为评价指标。

（1）指标性质　基于动物。

（2）指标测定　向屠宰场工作人员收集有关肉鸡体重合格率的相关数据，估测肉鸡体重不达标率（P）；或在流水线上随机评估100只肉鸡体重不合格率。

（3）指标评分　本指标满分为100分，P值为0%时得分100分；P值为100%时，得分为0（表4-23）。

表4-23　体重合格率评分表

P值	得分	P值	得分
0	100	20	80
40	60	60	40
80	20	100	0

3.饲喂状态评分

本标准仅有体重合格率这一个指标。本项得分即为本标准得分。

4.福利改善方案

如果肉鸡的体重评分低于95分，则表明肉鸡在饲养过程中存在较多的问题，需要考虑以下问题并进行相应的技术整改。

①提供充足的饲喂和饮水设备，提供充足的饲料和饮水。

②检查鸡群的健康状态，包括死亡率和淘汰率，如果是由于疫病导致的生长问题，则需加强饲养管理和卫生防疫。

③核查肉鸡饲料配方和饲料质量，检查肉鸡的采食量和饮水量，考虑对营养水平进行调整。

5.饲喂条件总体评分

本标准得分也可与在养殖场内的对饲喂设施和饮水设施的评估得分结合使用，乘以相应权重，计算本原则得分。合并时，可以将屠宰场的体重合格率评分与养殖场的体重合格率评分合并，取平均值后用于福利状态评估。

二、健康状态

在屠宰场内对肉鸡健康状态进行评价，主要从以下两个方面进行：体表状态和疾病状况。

（一）体表状态

1.福利标准

体表无损伤。

2. 评价方法

包括胸囊肿、跗关节损伤和脚垫损伤3个评价指标。

（1）胸囊肿

①指标性质：基于动物。

②指标测定：测定患有胸囊肿的肉鸡百分率。

具体方法是：在屠宰线上观察5~10min，记录样本数量为n，n＝每分钟屠宰数量（ls）×分钟数（t）。在鸡褪毛后，观察记录具有胸囊肿的肉鸡数量（b），0－没有胸囊肿，1－有胸囊肿。利用下面的公式，计算患有胸囊肿的肉鸡百分率：

$$患有胸囊肿的肉鸡百分率 = (b/n) \times 100\%$$

其中，t＝观察时间（分钟），b＝具有胸囊肿的肉鸡数量，ls＝屠宰速率（只/min），n＝样本观察数量（t×ls）

③指标评分：本指标满分为100，患有胸囊肿的肉鸡百分率每增加1%，得分减1（表4-24）。

表4-24　肉鸡胸囊肿评分表

患有胸囊肿的肉鸡百分率	得分	患有胸囊肿的肉鸡百分率	得分
0%	100	20%	80
40%	60	60%	40
80%	20	100%	0

（2）附关节损伤

①指标性质：基于动物。

②指标测定：记录每分钟肉鸡的屠宰数量（ls），分别在3个独立的时间段（每段5分钟）内观察记录通过观测点的肉鸡跗关节损伤情况。对跗关节损伤进行评分时参看图4-13：

A－跗关节无损伤（等级为"0"）；B－跗关节轻度损伤（等级为"1"和"2"）；C－跗关节明显损伤（等级为"3"和"4"）。利用下面的公式，计算具有跗关节损伤的肉鸡百分率：

$$具有跗关节损伤的每一评分肉鸡的百分率 = (H(0), H(1) 等 \cdots /n) \times 100\%$$

其中，t＝观察时间（分钟），H0/1/2/3/4＝具有跗关节损伤的肉鸡数量，ls＝屠宰速率（只/分钟），n＝样本观察数量（t×ls）。

③指标评分：根据跗关节轻度损伤（B）和重度损伤（C）的肉鸡百分比，计算鸡群的跗关节健康指数：

$$I = [1-(B \times 0.5 + C \times 1)] \times 100\%$$

其中，跗关节轻度损伤和重度损伤的两类肉鸡的权重分别为0.5和1。

该指标满分为100，I值每降低1%，得分减1，直至为零（表4-25）。

表 4-25　跗关节损伤评分表

I 值	评分	I 值	评分
100%	100	80%	80
60%	60	40%	40
20%	20	0%	0

（3）脚垫损伤

①指标性质：基于动物。

②指标测定：在 3 个独立的时间段（每段 5 分钟），记录通过观测点的肉鸡数量，借以计算样本数量（n），n = 每分钟屠宰数量（ls）× 分钟数（t）。参照图 4-14，评估鸡只脚垫损伤情况。具体的评分标准为：A：脚垫无损伤（等级为"0"）；B：脚垫轻度损伤（等级为"1"和"2"）；C：脚垫明显损伤（等级"3"和"4"）。利用下面的公式，计算具有脚垫损伤的肉鸡百分率：

具有脚垫损伤的每一评分肉鸡的百分率 =（F（0），F（1）等…/n）× 100%

其中，t = 观察时间（分钟），F0/1/2/3/4 = 具有脚垫损伤的肉鸡数量，ls = 屠宰速率（只 / 分钟），n = 样本观察数量（t × ls）。

③指标评分：根据脚垫轻度损伤（B）和重度损伤（C）的肉鸡百分比，计算鸡群的脚垫健康指数：

$$I = [1 - (B × 0.5 + C × 1)] × 100\%$$

其中，脚垫轻度损伤和重度损伤的两类肉鸡的权重分别为 0.5 和 1。

该指标满分为 100，I 值每降低 1%，得分减 1，直至为零（表 4-26）。

表 4-26　肉鸡脚垫损伤评分表

I 值	评分	I 值	评分
100%	100	80%	80
60%	60	40%	40
20%	20	0%	0

3. 体表状态评分

①在屠宰场单独进行本标准评价时，本标准包括跗关节损伤、脚垫损伤和胸囊肿测定 3 个评价指标，其权重分别为 0.3、0.3 和 0.4。根据各指标得分，乘以相应权重，计算本标准得分。

体表状态得分 = 跗关节损伤得分 × 0.3 + 脚垫损伤得分 × 0.3 + 胸囊肿评分 × 0.4

②屠宰场进行的评价指标在与养殖场评价指标合并使用时，本标准应包括步态、跗关节损伤、脚垫损伤（养殖场与屠宰场内测定结果的均值）和胸囊肿（养殖场与屠宰场内测

定结果的均值）4 个评价指标，其权重分别为 0.4、0.2、0.2 和 0.2。根据各指标得分，乘以相应权重，计算本标准得分。

体表状态得分 = 步态得分 × 0.4 + 跗关节损伤得分 × 0.2 + 脚垫损伤得分 × 0.2 + 胸囊肿评分 × 0.2

4. 福利改善方案

本标准得分低于 85 分时，需要考虑采取以下技术措施。

①网上平养模式中，需要考虑选择适宜的垫网材料，要求具有一定的宽度和弹性，防止勒伤及造成血液循环不畅所导致的胸部囊肿、腿病。

②地面平养时需要注意垫料类型，并控制垫料的湿度，及时更换和添加新垫料，保证垫料干燥、清洁。

③光照影响肉鸡活动，进而影响腿部健康，应考虑调整光照方案。

（二）疾病状况

1. 福利标准

没有疾病。

2. 评价方法

包括腹水症、脱水症、败血症、肝炎、心包炎和脓肿 6 个评价指标。

（1）腹水症

①指标性质：基于动物和管理。

②指标测定：腹水症是指肉鸡因心脏功能不全而在肺部、气囊和腹部积聚组织液。测定指标为患有腹水症的肉鸡百分率。

③指标评分：该指标不单独计算得分。

（2）脱水症

①指标性质：基于动物和管理。

②指标测定：脱水症是指肉鸡的组织缺水，通常是由于疾病而导致肉鸡无法接触饮水设施，无法正常摄入水分（有时也可能因为鸡群供水不足），测定指标为患有脱水症的肉鸡百分率。

③指标评分：该指标不单独计算得分。

（3）败血症

①指标性质：基于动物和管理。

②指标测定：败血症是指鸡群遭遇病原体严重侵染后机体组织出现的一种全面感染状态，主要症状表现为内脏器官变色，形成局部可见性病灶。测定指标为患有败血症的肉鸡百分率。

③指标评分：该指标不单独计算得分。

（4）肝炎

①指标性质：基于动物和管理。

②指标测定：肝炎是一种肝脏局部感染，通常肝脏伴有肉眼可见的变化，包括变色、

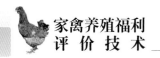

局部脓肿或形成病灶和纤维素性病变。测定指标为患有肝炎的肉鸡百分率。

③指标评分：该指标不单独计算得分。

（5）心包炎

①指标性质：基于动物和管理。

②指标测定：心包炎是心脏周围组织的一种炎症，在屠宰过程中，心包膜可见变色和增厚。心包炎由感染引起，或与腹水症有关。测定指标为患有心包炎的肉鸡百分率。

③指标评分：该指标不单独计算得分。

（6）脓肿（皮下化脓）

①指标性质：基于动物和管理。

②指标测定：脓肿是一种局部感染（通常是细菌感染），能够导致组织损伤或坏死、产生脓液或诱发炎症应答反应等，肉眼可见组织肿胀、化脓和变色。测定指标为患有脓肿的肉鸡百分率。

③指标评分：该指标不单独计算得分。

3. 疾病状况评分

本标准包括两部分指标，一是由养殖场获得的指标：死亡率和淘汰率；二是由屠宰场获得疾病评价指标：腹水症、脱水症、肝炎、心包炎、败血症和脓肿，共计8个评价指标。这8个指标分为5类，即腹水症；脱水症；败血症、肝炎和心包炎；脓肿；死、淘率5类（表4-27）。

表4-27　肉鸡健康状态指标的阈值、警示和警报

指标	测定值	预警值 T_1	警戒值 T_2
腹水症（在屠宰场内观察）	M_0	0.5	1
脱水症（在屠宰场内观察）	M_1	0.5	1
败血症	M_2	0.75	1.5
肝炎／黄疸（在屠宰场内观察）	M_3	0.75	1.5
心包炎（在屠宰场内观察）	M_4	0.75	1.5
脓肿／皮下化脓（在屠宰场内观察）	M_5	0.5	1
考虑淘汰在内的肉鸡死亡率			
淘汰鸡占死淘鸡的比重＜20%时	M_{6a}	3	6
淘汰鸡占死淘鸡的比重在20%~50%时	M_{6b}	3.5	7
淘汰鸡占死淘鸡的比重＞50%时	M_{6c}	4	8

在每一类病症内，当有一种病症的发生率超过警戒值时，该类疾病的发病情况视为严重等级（A）；当有一个病症的发生率超过预警值但没有超过警戒值时，视为中等等级（B）；除去以上两种情况，其余皆为正常。中等等级发病率的福利权重为0.5，严重等级的权重为1。

根据表4-26中各种病症发病情况和死淘率情况（严重等级A和中等等级B的次数），计算鸡群的健康指数（I）：

$$I = [1 - (A \times 1 + B \times 0.5) / 5] \times 100\%$$

该标准满分为100，I值每降1%，得分减1，直至为零（表4-28）。

表4-28 疾病状态福利评分表

I 值	评分	I 值	评分
100%	100	80%	80
60%	60	40%	40
20%	20	0%	0

4. 福利改善方案

对于存在死淘率高、鸡群发病率高的鸡群，需要采取以下措施。

①加强全场的生物安全措施，检查鸡场的卫生防疫设施、隔离设施、人员消毒和车辆消毒设施是否齐全，防疫措施执行是否严格。

②核实免疫程序是否妥当，所使用的疫苗来源及免疫时机是否妥当。

③检查鸡舍环境控制及管理存在的问题，如舍内有害气体（NH_3）、粉尘和病原微生物浓度。

④建立定期抗体监测制度。

⑤检查饲料的霉菌毒素污染情况，饲料与饮水供应情况，核查水线的定期消毒措施是否存在漏洞等。

⑥防止老鼠、野生动物进入鸡舍，建立定期消毒和消灭老鼠、蚊蝇等有害动物的制度。

（三）健康状态总体评分

根据体表状态和疾病状况两个标准得分，乘以相应权重，计算本原则得分。

健康状态得分 = 体表状态得分 × 0.4 + 疾病情况评分 × 0.6

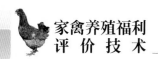

三、操作规程

1.操作规程（表 4-29）

表 4-29 屠宰场内肉鸡福利养殖评价的指标测定顺序、样本大小和所需时间

指标	抽样方法和动物的抽样数量	所需时间（分钟）
胸囊肿	观察鸡群 5~10 分钟（按 120 只 / 分钟的观察速度计，相当于观察 600~1200 只鸡），计算患有胸囊肿的肉鸡百分率。	10
跗关节损伤	选择两个独立的时间段，每段 5 分钟（样本数量可能相当于 500~1000 只肉鸡），计算具有跗关节损伤的每一评分肉鸡的百分率。	10
脚垫皮炎	选择两个独立的时间段，每段 5 分钟（样本数量可能相当于 500~1000 只肉鸡），计算具有脚垫皮炎的每一评分肉鸡的百分率。	10
瘦弱率	从屠宰场肉品卫生检验人员那里收集信息	10
腹水症		
脱水症		
败血症		
肝炎		
心包炎		
脓肿		
时间总计	40 分钟	

2.评估注意事项

①选用同一批肉鸡进行胸囊肿、跗关节损伤和脚垫皮炎的评定。

②对于其他指标的评定，可从屠宰场相关记录中获取信息。

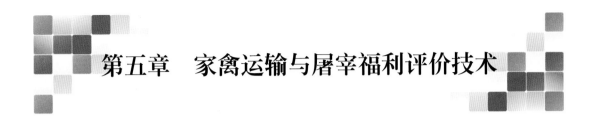

第五章 家禽运输与屠宰福利评价技术

运输和屠宰过程中应激问题突出，严重影响了家禽的福利状态和屠宰后鸡肉品质。家禽运输与屠宰福利评价指标体系以运输和屠宰环节为目标，由原则层、标准层和指标层3个层级构成。其中，原则层有4项，标准层有8项，指标层有10项（表5-1）。

表5-1 肉鸡运输与屠宰福利评价指标体系

福利原则（权重）	福利标准（权重）	福利指标
良好的饲喂条件（0.2）	1 无饲料缺乏（0.3）	禁食时间
	2 无饮水缺乏（0.7）	禁水时间
良好的运输设施（0.3）	3 温度舒适（0.4）	运输箱或待宰栏内的喘息率
	4 活动舒适（0.6）	运输密度
良好的健康状态（0.3）	5 体表无损伤（0.2）	鸡翅损伤、擦伤
	6 没有疾病（0.5）	运输死亡率
	7 没有人为伤害（0.3）	宰前击晕惊吓、宰前击晕效果
恰当的行为模式（0.2）	8 良好的精神状态（1）	鸡翅拍动频率

第一节 饲喂条件

在运输和屠宰过程中，肉鸡饲喂条件评价涉及饲喂和饮水两个方面。《中华人民共和国畜牧法》第53条规定："运输畜禽，必须符合法律、行政法规和国务院畜牧兽医行政主管部门规定的动物防疫条件，采取措施保护畜禽安全，并为运输的畜禽提供必要的空间和饲喂饮水条件。"因此，应重视家禽的运输管理，尽可能为家禽提供适宜的运输环境（图5-1）。

图 5-1　家禽运输

一、饲喂状态

1. 福利标准

禁食时间短，饥饿程度低。

2. 评价方法

以禁食时间作为评价指标。

（1）指标性质　基于设施。

（2）指标测定　这项指标的测定基于养殖场和运输记录（记录从肉鸡装车、运输直至到达屠宰场的时间），肉鸡的禁食时间由 3 部分组成：

①在养殖场内未捕捉装车之前的禁食时间 T（f）。

②在运输过程中的禁食时间 T（t）。

③在屠宰场待宰栏内的禁食时间 T（l）。

$$总禁食时间 = T（f）+ T（t）+ T（l）。$$

（3）指标评分　本指标满分为 100，家禽在装运前一般需要提前禁食 6~8 小时（NY/T 5038-2001），运输时间一般不宜超过 8 小时，到屠宰场时的总禁食时间以不超过 16 小时为宜（我国《家禽屠宰质量管理规范》NY/T 1340-2007 规定家禽宰杀前应空腹 12 小时以上）。在此基础上，总禁食时间每增加 1 小时，得分减 10，超过 24 小时为零分（表 5-2）。

表 5-2　禁食状态评分表

总禁食时间（小时）	评分	总禁食时间（小时）	评分
12~16	100	18	80
20	60	22	40
>24	0		

3. 饲喂状态评分

本标准只有禁食时间 1 个评价指标，其得分即为本标准得分。

4. 福利改善方案

运输时间一般不宜超过 8 个小时。如果运输超过 8 个小时，应安排中途饲喂和供应饮水。肉鸡运输到达屠宰场后应当尽快屠宰，缩短待宰时间（图 5-2）。

图 5-2　家禽运输装车

二、饮水状态

1. 福利标准

饮水供应充足，无饮水缺乏现象。

2. 评价方法

以禁水时间作为评价指标。

（1）指标性质　基于设施。

（2）指标测定　这项指标的测定基于养殖场和运输记录（记录从肉鸡装车、运输直至到达屠宰场的时间），肉鸡的禁水时间由 3 部分组成：

①在养殖场内未捕捉装车之前的禁水时间 Tw（f）。

②在运输过程中的禁水时间 Tw（t）。

③在屠宰场待宰间内的禁水时间 Tw（l）。

$$总禁水时间 = Tw（f）+ Tw（t）+ Tw（l）$$

（3）指标评分　家禽在装运前不需要进行禁水。在短于 8 小时的运输中，无需提供饮水；但是对于超过 8 小时的运输需要制定运输计划，运输车辆应安装饮水设施。本指标满分为 100，总禁水时间超过 8 小时，每增加 1 小时，得分减 10；超过 12 小时，则得分为 0 分（表 5-3）。

表 5-3　禁水状态评分表

总禁水时间（小时）	评分	总禁水时间（小时）	评分
< 8	100	10	80
10~12	60	>12	0

3. 饮水状态评分

本标准只有禁水时间 1 个评价指标，其得分即为本标准得分。

4. 福利改善方案

①尽量缩短运输时间和待宰时间，长途运输（8 小时以上）途中必须补充饮水。

②运输时气温不宜超过 25℃。

③适当降低运输密度。

三、饲喂条件总体评分

根据饲喂状态和饮水状态两个标准得分，乘以相应权重，计算本原则得分。

健康状态得分 = 禁食状态得分 × 0.3 + 禁水状态评分 × 0.7

第二节　运输设施

运输和待宰过程中，运输设施和待宰间内的冷热环境、空间环境对家禽运输过程中的健康与福利水平有较大影响。

一、冷热状态

1. 福利标准

温度舒适，无热喘现象。

2. 评价方法

以热喘息率作为评价指标。

（1）指标性质　基于动物。

（2）指标测定　从运输车的前、中、后 3 个部位分别观察 20 个运输笼（或在屠宰场内卸车区观测），记录每个笼内鸡只数量，乘以观察笼数。对运输笼内正在喘息的鸡只进行计数。

热喘息鸡群的百分率（%）=（喘息鸡群数量）/（每笼鸡数 × 观察笼数）× 100。

（3）指标评分　根据热喘息百分率对温度的舒适程度进行评分，满分为 100（表 5-4）。

表 5-4　热喘息状态评分表

鸡群状态	评分	鸡群状态	评分
所有肉鸡都喘息	0	75% 以上的肉鸡喘息	20
超过一半的肉鸡喘息	40	接近一半的肉鸡喘息	60
少数肉鸡喘息	80	没有肉鸡喘息	100

3.冷热状态评分

本标准只有热喘息率 1 个评价指标,其得分即为本标准得分。

4.福利改善方案

当本标准评分低于 80 分时表明在运输和待宰过程中存在一定的热应激现象,可考虑采取以下措施。

①适当通风,保持车厢内及待宰间内鸡只舒适。

②当外界气温较高时应避免长途运输,或选择一天内气温凉爽的时段运输。

③适当降低装载运输密度。

④运输时间超过 8 小时时,需要提前制定运输计划,确定中间休息地点,休息时提供清洁饮水。

⑤鸡进入屠宰场后要有专门的防暑降温或保暖防寒设施。例如,夏应保持通风系统良好;冬季应有供暖设施等,给待宰肉鸡提供一个良好的休息环境。

⑥鸡只装卸时,避免激烈的抓捕,避免激发应激,加重冷热应激的影响程度。

对于运输过程中可能出现的低温,也需要加以考虑,当气温低于 5℃时,需要注意保温,防止鸡只出现冷应激。

二、运动状态

1.福利标准

活动舒适。

2.评价方法

以运输密度作为评价指标(表 5-5)。

(1)指标性质　基于设施。

(2)指标测定　测量运输笼的尺寸大小,计算其平面面积(m²),然后对 10 个运输笼内的鸡群进行计数,计算每笼装载的肉鸡数量(n)和鸡平均体重(kg),计算运输密度。

肉鸡运输密度 =〔每笼鸡数(n)× 平均鸡重(kg)〕/ 运输笼平面面积(m²)。

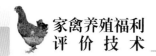
表5-5　我国良好农业规范（GAP）对家禽装载密度的要求（GB/T 20014.11-2005）

类别	密度
雏鸡	$21\ cm^2/$只 $\sim25\ cm^2/$只
体重低于1.6kg	$180\ cm^2/kg\sim200\ cm^2/kg$
体重在1.6kg~3kg	$160\ cm^2/kg$
体重在3kg~5kg	$115\ cm^2/kg$
体重在>5kg	$105\ cm^2/kg$

（3）指标评分　将实测运输密度与表5-5比较，计算肉鸡的活动舒适度评分。鸡只运输密度（TA）与推荐运输密度（TR）的比值：$P = TA/TR \times 100\%$

P代表鸡只实际运输密度与推荐运输密度的相符度。该指标满分为100，相符度每超过1%，得分减1，直至为零。

3. 运动状态评分

本标准只有运输密度1个评价指标，其得分即为本标准得分。

4. 福利改善方案

本标准所规定的适宜装载密度可以根据具体的气候条件、运输距离和时间以及鸡只的健康状态进行适当的调整。例如，当气候恶劣、运输距离长、鸡只健康程度差时需要适当降低运输密度。

三、运输设施总体评分

根据冷热状态和运动状态两个标准得分，乘以相应权重，计算本原则得分。

运输设施得分 = 冷热状态得分 × 0.4 + 运动状态得分 × 0.6

第三节　健康状态

运输和屠宰极易造成鸡只骨折、皮肤损伤和死亡，这在增加鸡只的痛苦、降低福利水平的同时影响经济效益和胴体品质。对该过程中的健康状态评估包括体表损伤、疾病和人为伤害3个方面。

一、体表状态

1. 福利标准

体表无损伤。

2. 评价方法

包括鸡翅损伤和皮肤擦伤2个评价指标。

（1）鸡翅损伤

①指标性质：基于动物。

②指标测定：本项指标用于评定鸡只因捕捉、运输和从运输笼内转移而造成的损伤。在屠宰运输线上，鸡翅损伤可通过观察鸡翅有无垂落现象进行鉴别（如果有损伤，鸡翅就会因骨折或关节错位而明显下垂，图5-3）。

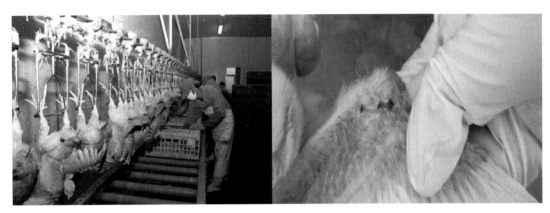

图5-3　鸡翅损伤

测定指标为鸡翅损伤肉鸡所占百分率。具体方法是：在屠宰流水线初始位点进行观察（鸡只在此位点挂上流水线），记录每分钟通过观测点鸡只数量（只/min），观测鸡翅垂落的鸡只数量（Z），计算鸡翅损伤百分率。

鸡翅损伤百分率＝〔（鸡翅垂落鸡只数，Z）/（流水线移动速度 × 观测分钟数）〕× 100

③指标评分：本指标满分为100，鸡翅损伤百分率每升高1%，得分降低1，直至为零（表5-6）。

表5-6　鸡翅损伤评分表

鸡翅损伤肉鸡的百分率	得分	鸡翅损伤肉鸡的百分率	得分
0%	100	20%	80
40%	60	60%	40
80%	20	100%	0

（2）皮肤损伤

①指标性质：基于动物。

②指标测定：本项指标用于评定胴体挫伤，反映的是运输过程中的损伤（与宰后胴体的损伤不同，后者不会引起组织出血）。具体方法是：在屠宰流水线上选择胴体尚未分割时的位点（以可以清晰观察肉鸡大腿、小腿和背部等部位为宜），记录每分钟通过观测点的肉鸡数量（只/小时），观测存在胴体淤伤的肉鸡数量（R）。

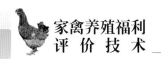
淤伤鸡只的百分率 = 〔（淤伤鸡只数，R）/（流水线移动速度 × 观测分钟数）〕× 100%

③指标评分：本指标满分为 100，淤伤鸡只的百分率每升高 1%，得分降低 1，直至为零（表 5-7）。

表 5-7　鸡只皮肤淤伤评分表

液伤鸡只的百分率	得分	液伤鸡只的百分率	得分
0%	100	20%	80
40%	60	60%	40
80%	20	100%	0

3. 体表状态得分

本标准包括鸡翅损伤和皮肤淤伤两个评价指标，其权重分别为 0.5 和 0.5。根据各指标得分，乘以相应权重，计算本标准得分。

体表状态得分 = 鸡翅损伤得分 × 0.5 + 皮肤淤伤得分 × 0.5

4. 福利改善方案

抓鸡时要降低鸡舍内的照明亮度，在弱光下抓鸡，会减少鸡只恐惧和挣扎反应。抓鸡要轻拿轻放，以便减少腿、胸及翅的淤血、骨折。运输途中尽量减少停车，如果必须停车，应减速后再停车，切忌急刹车，以免因相互撞击而造成外伤。肉鸡挂上传送链条电麻以前，要符合以下福利标准：折翅率 ≤ 1%，大腿淤伤率 ≤ 1%，琵琶腿淤伤率 ≤ 1%，断腿率 = 0。

二、疾病状况

1. 福利标准

没有疾病。

2. 评价方法

以运输死亡率为评价指标。

（1）指标性质　基于动物。

（2）指标测定　在卸载时被发现死于运输笼内的鸡只。

运输死亡率（%）= 肉鸡运输后死亡总数 / 肉鸡运输前总量 × 100

（3）指标评分　按照我国良好农业规范（GAP）要求，运输死亡率应控制在 0.1% 以内。低于该标准规定为 100 分，运输死亡率每升高 0.1%，得分减少 5 分（表 5-8）。

表 5-8　运输死亡率评分表

运输死亡率	得分	运输死亡率	得分
<0.1%	100	0.5%	80
1.0%	60	>2%	0

3.疾病状况评分

本标准只有运输死亡率1个评价指标，其得分即为本标准得分。

4.福利改善方案

如果存在运输死亡率过高，应考虑以下问题。

①检查运输车辆的状态，核实运输密度、运输时的天气情况和运输距离。

②调查养殖场的鸡群发病情况与健康状态。

③考虑在运输前为鸡只提供能够预防应激的饮水（含有维生素、电解质和葡萄糖等营养抗应激物质），降低运输死亡率。

④运输过程，应做到环境清洁、安静，鸡只舒适、充分休息。

⑤鸡只运到屠宰加工厂后，车辆停放在待宰间内，要让鸡只适当休息，使其恢复平静，缓解应激。

⑥装卸过程中，搬运运输笼时轻拿轻放，降低噪音；禁止粗暴野蛮装卸。

三、人为伤害

1.福利标准

没有人为伤害。

2.评价方法

包括宰前击晕惊吓和击晕效果2个评价指标。

（1）宰前击晕惊吓

图5-4　家禽水浴电麻击昏

①指标性质：基于动物。

②指标测定：在水浴式电击致昏时（图5-4），如果在即将进入击昏器前受到不充分电击，则鸡只就会受到"击昏前惊吓"。出现这种情况的原因是鸡只在进入击晕器时，如

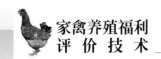

果鸡的头部或翅膀接触到飞溅的水滴或潮湿的机器表面（带电），鸡只会做出逃避动作，如拍翅、惊叫等，不仅降低电击效率，也会导致惊群反应。

具体观测方法为：记录每分钟通过观测点的鸡只数量（输送速率 Ls，只 / 分钟），记录肉鸡进入电晕器时，逃避、拍翅和惊叫的鸡只数量（Ns）。

击昏前惊吓的鸡只百分率（%）=〔（击昏惊吓数量，Ns）/（流水线移动速率 Ls × 观察分钟数 t）〕× 100

③指标评分：指标满分为 100，受到击昏惊吓的鸡只百分率每升高 1%，得分降低 1，直至为零（表 5-9）。

表 5-9　击昏惊吓状态评分表

受到击晕惊吓的肉鸡百分率	得分	受到击晕惊吓的肉鸡百分率	得分
0%	100	20%	80
40%	60	60%	40
80%	20	100%	0

（2）击晕效果

①指标性质：基于动物个体的评价。

②指标测定：致昏有两种方式，一是电击（图 5-5），鸡只遭受电击后而丧失意识，在击昏器的出口，呈现以下行为表现。

①颈部拱曲，头部下垂。

图 5-5　电击昏效果状态

②睁眼。

③翅膀紧贴身体。

④小腿绷紧，身体不断快速抽动。

⑤呼吸无节奏，腹部肌肉无呼吸运动。二是气体致昏。对于经气体致昏的肉鸡，如果致昏充分，鸡体就会完全放松，闭眼，身体无抽搐。

本项指标是评估未有效致昏的鸡只百分率。具体方法为：在水浴式电击致昏器的出口以及在鸡颈被自动或手工切除后，观察在流水线上未有效击昏的鸡只。记录每分钟通过观测点的肉鸡数量（传输速度，Ls，只/分钟），计算未有效致昏的肉鸡数目（Nis）。

未有效致昏的鸡只百分率（%）=〔（未有效致昏的鸡只数目，Nis））/（流水线传输速度Ls × 观察时间t）〕× 100

③指标评分：本指标满分为100，未有效致昏的鸡只百分率每升高1%，得分降低1，直至为零（表5-10）。

表 5-10 击昏效果评分表

未有效致昏的肉鸡百分率	得分	未有效致昏的肉鸡百分率	得分
0%	100	20%	80
40%	60	60%	40
80%	20	100%	0

3. 人为伤害评分

本标准包括宰前击昏惊吓和击昏效果2个评价指标，其权重分别为0.2和0.8。根据各指标得分，乘以相应权重，计算本标准得分。

人为伤害状态得分 = 击昏前惊吓状态得分 × 0.2 + 击昏效果得分 × 0.8

4. 福利改善方案

击晕采用40伏、400赫兹的交流电，电麻击晕率应≥99%。在进行宰杀后，应设有专人对宰杀的效果进行检查，不允许有未被宰杀或没将其杀死的鸡只进入浸烫槽。

四、健康状态总体评分

根据体表损伤、疾病状况和人为伤害3个标准得分，乘以相应权重，计算本原则得分。

健康状态得分 = 体表损伤得分 × 0.2 + 疾病状态得分 × 0.5 + 人为伤害得分 × 0.3

第四节 行为模式

在屠宰过程中，鸡只行为模式评价主要是从精神状态角度观察鸡群在屠宰线上的挣扎情况。

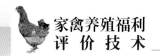
一、精神状态

1. 福利标准

精神状态良好。

2. 评价方法

以屠宰线上鸡翅拍动频率作为评价指标。

（1）指标性质　基于动物。

（2）指标测定　当流水线的传输方向改变时，会影响到鸡只的平静状态（图5-6）。通过本指标可以反映出传送链的运行状态。观测指标为在流水线上拍打翅膀的鸡只百分率。具体方法是当鸡只挂上流水线传送链后即刻开始观察，记录鸡翅扇动的鸡只数量（Nf）和每分钟通过观测点的肉鸡数目（传输速度，Ls，只/分钟）。

鸡翅拍动的鸡只百分率（％）=〔（拍翅行为激烈的鸡只数量Nf）/（流水线传输速度Ls×观察时间t）〕×100

图5-6　鸡只精神状态评价

（3）指标评分　本指标满分为100，在流水线上拍打翅膀的鸡只百分率每升高1%，得分降低1，直至为零（表5-11）。

表5-11　鸡只平静状态评分表

在流水线上拍打翅膀的肉鸡百分率	得分	在流水线上拍打翅膀的肉鸡百分率	得分
0%	100	20%	80
40%	60	60%	40
80%	20	100%	0

3. 精神状态评分

本标准只有拍翅率 1 个评价指标，其得分即为本标准得分。

4. 福利改善方案

车间内应尽量保持安静。卸下鸡筐和将鸡只挂上传送链时，对鸡只应要轻拿轻放，避免造成应激；注意不应出现有单腿吊挂的鸡只。传送链条运转平稳，无急停、急转和突然加速现象。

二、行为模式总体评分

本原则只有精神状态 1 个评价标准，其得分即为本原则得分。

第五节　操作规程

鸡只运输与屠宰福利评价操作规程详见表 5-12。

表 5-12　肉鸡运输与屠宰福利评价操作规程

指标	抽样方法和动物的抽样数量	所需时间（分钟）
禁食时间	根据养殖场和运输记录确定	5
禁水时间	根据养殖场和运输记录确定	5
运输密度	测量运输笼的尺寸大小，抽测 10 个运输笼内的鸡只数，计算平均运输密度。	10
运输途中或屠宰场待宰间内喘息率	从运输车的前、中、后 3 个部位分别观察 20 笼肉鸡（一共 60 笼鸡），计算每笼存在喘息鸡只百分率。	10
流水线上鸡翅拍动频率	在流水线上观察 5~10 分钟，计算翅膀拍动的鸡只百分率。	10
鸡翅损伤	在流水线上观察至少 10 分钟，计算翅膀下垂、骨折的鸡只百分率。	10
击昏前惊吓	在流水线上观察 5~10 分钟，计算击昏前受到惊吓的鸡只百分率。	10
击昏效果	在流水线上观察 5~10 分钟，计算未有效致昏的鸡只百分率。	10
淤伤	在流水线上观察完整胴体 5~10 分钟，计算因捕捉、运输或悬挂造成淤伤的鸡只百分率。	10
运输死亡率（DOA）	查看记录或实际测定装车的活鸡总数和运输后死亡的鸡数。	5
总计		85 分钟

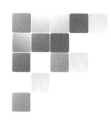

附录 A 家禽福利评价表

1. 所需器材清单

详见附表 A–1。

表 FA-1 福利评价器材清单

器材	备注
隔离服和鞋子（或鞋套）	使用鸡场提供的隔离服装和鞋子，确保防疫安全
记录纸	每个鸡场准备一套新的记录纸
夹纸板	用来夹评分表
铅笔 / 钢笔	铅笔能在布满灰尘的环境中写出字
参考图片（脚垫、跗关节、清洁度）	图片显示评分等级，用于核对得分。
氨气测定装置	测定 NH_3 含量（鸡舍内氨气浓度高的情况下采用）
鸡只运输箱或鸡笼	放置需要观测鸡只，用于损伤、清洁度和步态评定。
照度计	测量光照水平（根据需要测定）
卷尺（10m）	测量鸡舍尺寸
A4 大小的黑纸	测灰尘含量
照相机	为数据记录表拍照

对于蛋鸡场评估还需以下器材，见附表 A–2。

表 FA-2 福利评价鸡场器材补充单

器材	备注
新奇物体	长 50 cm、直径 2.5 cm、覆有彩色条带的木棍（见参考图片）
新奇物体校准板（直角尺）	确定家禽与新奇物体的准确距离，校准板（直角尺）的尺寸为：长 110 cm，宽 62.5 cm
新奇物体测量框	确定哪些家禽在木棍的 30 cm 范围以内
秒表	为新物体认知测试定时

2. 注意事项

在进行福利评估时，需要注意以下问题。

①介绍家禽养殖福利评估的目的和意义，并征得养殖场负责人和鸡舍饲养管理人员的同意。

②遵守鸡场的生物安全规定，确保所有带入鸡场的仪器清洁无菌。

③告知养殖场负责人及管理人员本次福利评估所需要时间。

④了解鸡群日龄，以确保评估的鸡群日龄适当。

⑤征得鸡场饲养管理人员同意以下观测措施，包括需要抓鸡观察，需要携带仪器进入鸡舍，尽量避免惊扰鸡群。

⑥需要鸡场提供相关生产记录。

⑦评估蛋鸡场时避免在上午进行，以防干扰鸡群产蛋。

附录 B 蛋鸡养殖福利评价数据记录表

1. 鸡场概况

详见附表 B-1。

表 FB-1 蛋鸡场评价登记表

评估者姓名	
日期	
养殖场名称	
开始时间	
鸡舍号	
养殖数量（评估时）	
入舍日期	
入舍日龄	
评估时鸡群日龄	
被采访人姓名	
母鸡数量	
公鸡数量	
基因型	
鸡舍类型：环境富集舍 / 大笼饲养 / 平养 / 其他	
自由放养：是 / 否	
阳台：是 / 否	
鸡舍分区数量	
各区间隔：隔网 / 封闭式	
通风：机械 / 自然 / 其他	
光线情况：阳光明媚 / 光线黑暗 / 阴天	
舍外温度：℃	
天气情况：雨 / 雪 / 风 / 其他	

2. 死亡率

根据养殖场记录，计算死亡率（不包括淘汰蛋鸡），见表 FB-2。

表 FB-2　死亡率统计表

孵化后入舍鸡数（A）	整个养殖周期内的死亡鸡数（B）	死亡率：（B／A）×100

3. 淘汰率

根据入舍鸡数和活淘鸡数，计算淘汰率，见表 FB-3。

表 FB-3　淘汰率统计表

孵化后入舍鸡数（A）	整个养殖周期内的淘汰鸡数（B）	淘汰率：（B／A）×100

4. 蛋鸡舍防尘单测试

把黑纸放到高于鸡群且靠近鸡舍入口的位置。

5. 热喘息评估

估测热喘鸡只的百分比。见表 FB-4。

表 FB-4　热喘鸡只统计表

热喘鸡只的百分比 %	

6. 冷颤

估测扎堆鸡只的百分比。见表 FB-5。

表 FB-5　扎堆鸡只统计表

扎堆鸡只的百分比 %（只计算那些因冷而扎堆的鸡）	

7. 定性行为评估

在鸡舍入口和鸡舍中心选取 2~4 个位点，观察鸡只行为表现，时间为 20 分钟。

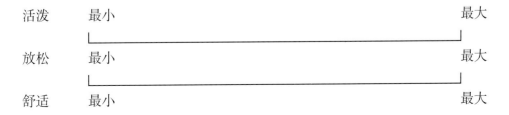

活泼　　最小　　　　　　　　　　　　　　　　　　　最大

放松　　最小　　　　　　　　　　　　　　　　　　　最大

舒适　　最小　　　　　　　　　　　　　　　　　　　最大

恐惧　　　最小　　　　　　　　　　　　　　　　　　　　　最大

焦虑　　　最小　　　　　　　　　　　　　　　　　　　　　最大

自信　　　最小　　　　　　　　　　　　　　　　　　　　　最大

抑郁　　　最小　　　　　　　　　　　　　　　　　　　　　最大

平静　　　最小　　　　　　　　　　　　　　　　　　　　　最大

满足　　　最小　　　　　　　　　　　　　　　　　　　　　最大

紧张　　　最小　　　　　　　　　　　　　　　　　　　　　最大

迷茫　　　最小　　　　　　　　　　　　　　　　　　　　　最大

精力充沛　最小　　　　　　　　　　　　　　　　　　　　　最大

挫败　　　最小　　　　　　　　　　　　　　　　　　　　　最大

厌烦　　　最小　　　　　　　　　　　　　　　　　　　　　最大

友好　　　最小　　　　　　　　　　　　　　　　　　　　　最大

积极占位　最小　　　　　　　　　　　　　　　　　　　　　最大

害怕　　　最小　　　　　　　　　　　　　　　　　　　　　最大

不安　　　最小　　　　　　　　　　　　　　　　　　　　　最大

高兴　　　最小　　　　　　　　　　　　　　　　　　　　　最大

沉郁　　　最小　　　　　　　　　　　　　　　　　　　　　最大

8. 新奇物体认知测试（NOT）

在4个位点进行新物体认知测试见表FB-6。

表 FB-6　新奇物体认识测试登记表

（1）位置 a

放置后时间	10"	20"	30"	40"	50"	1'	1'10"	1'20"	1'30"	1'40"	1'50"	2'	总计
离新奇物体不足一只鸡体长的鸡只数量													

（2）位置 b

放置后时间	10"	20"	30"	40"	50"	1'	1'10"	1'20"	1'30"	1'40"	1'50"	2'	总计
离新奇物体不足一只鸡体长的鸡只数量													

（3）位置 c

放置后时间	10"	20"	30"	40"	50"	1'	1'10"	1'20"	1'30"	1'40"	1'50"	2'	总计
离新奇物体不足一只鸡体长的鸡只数量													

（4）位置 d

放置后时间	10"	20"	30"	40"	50"	1'	1'10"	1'20"	1'30"	1'40"	1'50"	2'	总计
离新奇物体不足一只鸡体长的鸡只数量													

（5）平均结果

平均结果 NOT = [NOT(a) + NOT(b) + NOT(c) + NOT(d)]/4

9. 回避距离测试（ADT）

见表FB-7。

表 FB-7　回避距离测试（ADT）表

（1）位置 a

鸡数	1	2	3	4	5	6	7	总计
回避距离（cm）								

（2）位置 b

鸡数	1	2	3	4	5	6	7	总计

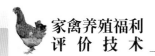

回避距离（cm）									

（3）位置 c

鸡数	1	2	3	4	5	6	7	总计
回避距离（cm）								

（4）平均结果

平均回避距离 AD = [AD(a) + AD(b) + AD(c)]/3	

10. 损伤评定（100 只鸡），见附表 FB-8

表 FB-8 鸡只损伤评定表

鸡数	羽毛（0-2；0= 完好；1= 无羽区直径 <5cm；2= 至少一处无羽区直径 >5 cm）	龙骨（0/2；0= 无变形；2= 变形）	鸡冠啄伤（0-2；0= 无啄伤；1= 不足 3 处啄伤；2= 至少 3 处啄伤）	皮肤损伤（0-2）0= 无损伤；1= 损伤直径 <2 cm 或大于 3 处损伤；2= 损伤直径 >2 cm	脚垫皮炎（0-2；0= 完好；1= 有问题；2= 肿胀）	断喙（0-2；0= 未断喙，无异常；1= 轻微断喙；2= 严重断喙）	备注
1							
2							
3							
4							
5							
..							
..							
..							
..							
..							
..							
..							
..							
..							
..							

（续表）

..						
..						
..						
..						
..						
98						
99						
100						
平均得分						

11. 栖架，详见附表 FB-9

（1）A 字形支架栖木

表 FB-9 栖架评价表

每个 A 字形支架的栖木数量	A 字形支架的数量	A 字形支架的长度	总栖木长度	在舍鸡数	每只鸡的栖木长度（cm）

（2）多级层面系统

一根栖木长度	栖木数量	总栖木长度	在舍鸡数	每只鸡的栖木长度（cm）

（3）笼养系统

每笼栖木总长度	鸡笼数量	栖木总长度	在舍鸡数	每只鸡的栖木长度（cm）

（4）栖木的形状和位置

横截面形状	0：栖木上没有锋利的边缘	2：栖木上有锋利的边缘
休息区（有栖木，无料槽）	0：休息区栖木长度所占比重超过 50%	2：休息区栖木长度所占比重不足 50%

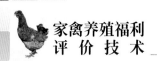

12. 产蛋箱的应用，详见附表 FB-10

表 FB-10 产蛋箱应用评价表

是否有产蛋箱？	0= 是；2= 否	
产蛋箱在鸡舍内的分布是否均匀？	0= 是；2= 否	
在各排产蛋箱内，鸡蛋的分布是否均匀？	0= 是；2= 否	
在各排产蛋箱间，鸡蛋的分布是否均匀？	0= 是；2= 否	

（1）单鸡位产蛋箱（仅能容纳一只蛋鸡） 计算每个产蛋箱对应的鸡只数量

产蛋箱总数	舍内鸡数	鸡数 / 产蛋箱数

（2）多鸡位产蛋箱（能同时供多只蛋鸡使用） 计算每只鸡的产蛋箱面积

产蛋箱数量	每个产蛋箱的面积（m²）	舍内鸡数	只 /m² 产蛋箱面积

13. 鸡舍空间

测量鸡舍的长度和宽度，计算饲养密度见附表 FB-11。

表 FB-11 鸡舍应用评价表

（1）笼养系统

可利用面积 / 鸡笼（cm²）	鸡数 / 鸡笼	笼位数	饲养密度：可利用面积 / 只（cm²）	入舍鸡数（N）	死亡或淘汰鸡数（M）	存栏鸡数（N–M）

（2）非笼养系统：

总垫料区面积（m²）（L）	非垫料区可利用总面积（m²）（W）	可利用总面积（m²）(L+W)=（U）	入舍鸡数（N）	死亡或淘汰鸡数（M）	在舍鸡数（N–M）（B）	饲养密度：只 / 可用面积（m²，B / U）

14. 喂料器

记录喂料器类型，计算平均料位，详见附表 FB-12。

表 FB-12　喂料器应用评价表

盘式饲喂器数量	盘式饲喂器周长（cm）	饲喂器可用部分总长（cm）	槽式喂料器长度（双侧采食时 ×2）	入舍鸡数	每只鸡可用料槽长度（cm）

15. 饮水器

计算饮水点的数目或比率：鸡数或每只鸡的水槽长度，详见附表 FB-13。

表 FB-13　饮水器应用评价表

钟式饮水器数量	钟式饮水器周长（cm）	乳头饮水器数量	杯式饮水器数量	入舍鸡数	每只鸡可利用的水槽长度（cm）	鸡数：乳头饮水器数

16. 漏缝地板

计算漏缝地板所占比率，记录漏缝地板类型／样式，详见附表 FB-14。

表 FB-14　漏缝地板应用评价表

漏缝地板占总可利用面积的比率	
垫网型漏缝地板所占比例	

17. 垫料的使用（详见附图 FB-1）

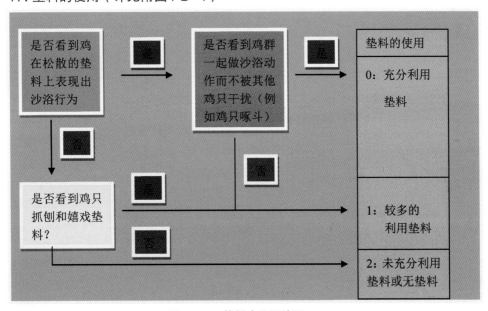

图 FB-1　垫料应用评价图

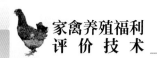

18. 社会行为的表达（见附表FB-15）

表FB-15 鸡只社会行为表达评价

是否看到打斗行为	0=否；2=是	

19. 环境丰富度（见附表FB-16）

表FB-16 鸡只社会行为表达评价

	0=50%~100%的鸡只利用环境富集材料	1=不足50%的鸡只利用环境富集材料	2=没有环境富集材料或没有鸡利用环境富集材料
环境富集材料（如草捆、室外掩蔽物）			
自由放养度			
阳台（设有掩蔽物）			

20. 临床诊断

估测各种病变鸡只的百分率见附表FB-17。

表FB-17 鸡只临床诊断评价

	0=不足3只鸡	1=大于3只鸡，比重不足25%	2=比重大约25%
嗉囊肿大			
眼病			
呼吸道感染			
肠炎			
脚趾损伤			
鸡冠异常			

21. 红螨感染（见附表FB-18）

表FB-18 鸡只感染红螨评价

红螨感染	0=鸡身上和舍内没有红螨	1=鸡身上或舍内发现红螨，但数量不大，直观上不明显	2=鸡身上和/或舍内发现大量红螨

22. 寄生虫（红螨除外）见附表FB-19

表FB-19 鸡寄生虫（红螨除外）情况评价

门窗上是否有跳蚤？	0=否；2=是	
是否有寄生虫（甲虫、虱子、蠕虫）	0=否；2=是	

附录 C 肉鸡养殖福利评价数据记录表

1. 鸡场概况见附表 FC-1

表 FC-1 鸡场福利概况评价

姓名	
日期	
鸡场名	
鸡场存栏数量（调研和评估时）	
最初入舍鸡数	
调研和评估时舍内鸡数	
入舍日期	
调研和评估时肉鸡日龄	
孵化场	
父母代肉鸡日龄	
基因型	
调研和评估时平均鸡重（生产记录）	

2. 冷热状态评价表

在舍内选择 5 个不同的位置估测热喘息 / 扎堆肉鸡的百分比。见附表 FC-2。

表 FC-2 鸡场鸡只冷热状态评价

位置	1	2	3	4	5
热喘息 / 扎堆 %					
热喘息（√） 或扎堆（√）	热喘息（ ） 扎 堆（ ）	热喘息（ ） 扎 堆（ ）	热喘息（ ） 扎 堆（ ）	热喘息（ ） 扎 堆（ ）	热喘息（ ） 扎 堆（ ）

注：在测试这项福利指标时，放置黑纸，检测粉尘（把黑纸放在高于肉鸡且靠近鸡舍入口的位置）。

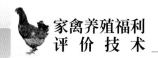

3. 定性行为评估

活泼　　　最小　　　　　　　　　　　　　　　　最大
　　　　　　└──────────────────────────┘

放松　　　最小　　　　　　　　　　　　　　　　最大
　　　　　　└──────────────────────────┘

舒适　　　最小　　　　　　　　　　　　　　　　最大
　　　　　　└──────────────────────────┘

恐惧　　　最小　　　　　　　　　　　　　　　　最大
　　　　　　└──────────────────────────┘

不安　　　最小　　　　　　　　　　　　　　　　最大
　　　　　　└──────────────────────────┘

自信　　　最小　　　　　　　　　　　　　　　　最大
　　　　　　└──────────────────────────┘

愁闷　　　最小　　　　　　　　　　　　　　　　最大
　　　　　　└──────────────────────────┘

平静　　　最小　　　　　　　　　　　　　　　　最大
　　　　　　└──────────────────────────┘

满足　　　最小　　　　　　　　　　　　　　　　最大
　　　　　　└──────────────────────────┘

紧张　　　最小　　　　　　　　　　　　　　　　最大
　　　　　　└──────────────────────────┘

迷茫　　　最小　　　　　　　　　　　　　　　　最大
　　　　　　└──────────────────────────┘

精力充沛　最小　　　　　　　　　　　　　　　　最大
　　　　　　└──────────────────────────┘

沮丧　　　最小　　　　　　　　　　　　　　　　最大
　　　　　　└──────────────────────────┘

无聊　　　最小　　　　　　　　　　　　　　　　最大
　　　　　　└──────────────────────────┘

友好　　　最小　　　　　　　　　　　　　　　　最大
　　　　　　└──────────────────────────┘

积极占位　最小　　　　　　　　　　　　　　　　最大
　　　　　　└──────────────────────────┘

害怕　　　最小　　　　　　　　　　　　　　　　最大
　　　　　　└──────────────────────────┘

神经质　　最小　　　　　　　　　　　　　　　　最大
　　　　　　└──────────────────────────┘

高兴　　　最小　　　　　　　　　　　　　　　　　　　最大

痛苦　　　最小　　　　　　　　　　　　　　　　　　　最大

4. 人鸡关系评估——触碰试验

重复测试 20 次，记录观测区域的肉鸡饲养密度和臂长范围内能够触碰到的肉鸡数量（如果连续尝试 11 次后都没有碰到肉鸡，则结束测定，记为 0 分），见附表 FC-3。

表 FC-3　鸡场人鸡关系评估

测试	观测区域肉鸡饲养密度	能够触碰肉鸡数量	测试	观测区域肉鸡饲养密度	能够触碰肉鸡数量	测试	观测区域肉鸡饲养密度	能够触碰肉鸡数量
1			8			15		
2			9			16		
3			10			17		
4			11			18		
5			12			19		
6			13			20		
7			14					

5. 肉鸡步态评分表

评估 150 只肉鸡（测定时需要鸡只储运箱或鸡笼），见附表 FC-4。

表 FC-4　肉鸡步态评估

步态评分表		
步态评分	肉鸡数量	总计
0		
1		
2		
3		
4		
5		

6.垫料评分方法

选取鸡舍内具有代表性的6个位点，按以下标准进行评分：

0– 完全干燥，脚在上面行走自如；1– 干燥，但不易于脚在上面行走；2– 脚在上面留印，压缩成球，但球不稳固；3– 粘鞋，压缩极易成球；4– 结块或结层破裂后粘鞋，见附表FC–5。

表 FC-5 垫料评分表

	位置1得分	位置2得分	位置3得分	位置4得分	位置5得分	位置6得分
垫料评分						

7.清洁度、脚垫皮炎、跗关节损伤评分方法

选择10个位置，每个位置评估10~20只肉鸡，评定肉鸡清洁度、脚垫皮炎和跗关节损伤；共计评定100只鸡（不与步态评定使用同一批鸡）。见附表FC–6。

表 FC-6 清洁度、脚垫皮炎、跗关节损伤评估

清洁度评定 （0-3：0= 清洁，3= 脏乱）				脚垫皮炎评定 （0-4：0= 没有；4= 严重）					跗关节损伤评定 （0-4：0= 没有；4= 严重）				
0	1	2	3	0	1	2	3	4	0	1	2	3	4
0	1	2	3	0	1	2	3	4	0	1	2	3	4

8. 鸡舍空间测定方法

测量鸡舍的长度和宽度，计算饲养密度。见附表 FC-7。

表 FC-7　鸡舍空间测量表

长度（m）	宽度（m）

9. 饮水面积计算方式

饮水器类型多样，计算饮水器的数量与比例：鸡数、水槽长度/只鸡。见附表 FC-8。

表 FC-8　饮水面积统计表

钟式饮水器数量	钟式饮水器周长（cm）	乳头饮水器的数量	杯状饮水器的数量

10. 测试粉尘方法

检查放在鸡舍入口处的黑纸，用手指在黑纸上写字，见附表 FC-9。

表 FC-9　粉尘测量登记表

无粉尘，整张黑纸可见	少许粉尘	覆盖薄层粉尘	许多粉尘，黑纸仅部分可见	纸张颜色不可见

11. 测试室外掩蔽物

（适用于散养或放养鸡群），选取 3 个位置，以代表整个鸡场，见附表 FC-10。

表 FC-10　室外掩蔽物测量登记表

	无（0%）	少于 5%	5%~10%	10%~20%	>20%
位置 1					
位置 2					
位置 3					
总计					

12. 测试舍外鸡群的比重

（适用于散养或放养鸡群），选取 3 个位置，以代表整个鸡场。见附表 FC-11。

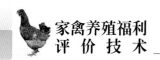
表 FC-11　室外鸡群放养度测量表

	无（0%）	少于50%	约50%	>50%	100%
位置 1					
位置 2					
位置 3					
总计					

13.死亡率计算方法

根据养殖场记录，计算死亡率（不包括淘汰的鸡只），见附表FC-12。

表 FC-12　鸡只死亡率统计表

孵化后入舍鸡数（A）	整个生产周期内肉鸡死亡总数（B）

14.淘汰率计算方法

根据入舍鸡数和淘汰鸡数，计算淘汰率（不包括死亡鸡只）。见附表FC-13。

表 FC-13　鸡只淘汰率统计表

整个生产周期内肉鸡淘汰总数（B）

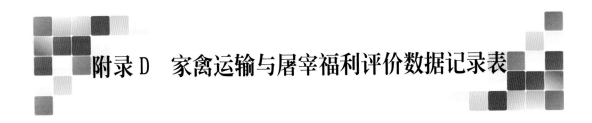

附录D　家禽运输与屠宰福利评价数据记录表

1. 屠宰场概况（见附表FD-1）

表FD-1　屠宰场概况登记表

屠宰场	
鸡群来源（养殖场名称）	
日期	
时间	
出栏鸡数	
基因型	
击昏方式	
平均鸡重	

2. 所需设备

秒表、皮尺、夹纸板、手电筒、钢笔/铅笔等。

3. 运输过程评价

（1）鸡群停料、停水时间

通过咨询屠宰场工作人员或在养殖场福利评估时收集获得，见附表FD-2。

表FD-2　运输过程评估登记表

养殖场停料时间（分钟）	养殖场停水时间（分钟）	运输时间（分钟）	待宰时间（分钟）

（2）运输密度

咨询屠宰场管理人员或现场实际测定：运输箱多长、多宽，每个运输箱中的鸡只数（抽测10个运输箱，计算均值）。见附表FD-3。

表 FD-3　运输中鸡只密度统计表

箱号	1	2	3	4	5	6	7	8	9	10	平均鸡数	运输笼面积	运输密度
鸡数													

（3）热喘息和扎堆的鸡只百分比

估测鸡只在运输途中及在待宰栏内气喘（热）或扎堆（冷）的百分比。见附表 FD-4。

表 FD-4　运输中鸡只热喘息和扎堆情况统计表

运输箱	1	2	3	4	5	6	7	8	9	10
箱内鸡数										
热喘息鸡数										
扎堆鸡数										
运输箱	11	12	13	14	15	16	17	18	19	20
箱内鸡数										
热喘息鸡数										
扎堆鸡数										

4. 屠宰场评价

表 FD-5　鸡只屠宰场情况登记表

（4）屠宰线运行状态评价

咨询屠宰场联系人：屠宰线的传送速度是多少？或在 3 个不同的时间段内，记录鸡只通过观测点的数量。

屠宰线传输速度

（2）鸡只精神状态评价—传送链上翅膀扇动（处于挣扎状态）鸡只百分数

测定时间（分钟）	在传送链上拍打翅膀的鸡只数量

（3）鸡翅骨折的百分比

测定时间（分钟）	1	2	3	4	5	6	7	8	9	10
鸡翅骨折（悬垂）鸡只数量										

（4）宰前击晕惊吓鸡只的百分比

测定时间（分钟）	1	2	3	4	5	6	7	8	9	10
击晕前惊吓鸡只数										

（5）宰前击晕效果评价

测定时间（分钟）	1	2	3	4	5	6	7	8	9	10
未有效击晕鸡只数										

（6）体表淤伤的鸡只百分比

测定时间（分钟）	1	2	3	4	5	6	7	8	9	10
擦伤肉鸡的数量										

5. 屠宰场内鸡只健康状态评价见附表 FD-6

表 FD-6　屠宰场的鸡只健康状况登记表

不良指标（福利相关）	鸡数（位置 1）	鸡数（位置 2）	鸡数（位置 3）
运输死亡率			
瘦弱鸡只			
腹水症			
脱水症			
败血症			
肝炎			
心包炎			
脓肿			
观察总数（Tn）			

6. 肉鸡养殖福利评价 – 屠宰场内评价，见附表 FD-7

表 FD-7　肉鸡屠宰场内情况登记表

（1）胸部灼伤及胸囊肿肉鸡的百分比（脱羽后观测）

鸡数	得分为 1 的鸡数
总鸡数	
总观察鸡数（时间 × 传输速度）	

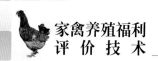

（2）脚垫皮炎肉鸡的百分率（脱羽后观测）

脚垫皮炎评定	0分	1分	2分	3分	4分
鸡只数目					
总鸡只数目					

（3）跗关节损伤肉鸡的百分率（脱羽后观测）

跗关节损伤评定	0分	1分	2分	3分	4分
鸡只数目					
总鸡只数目					

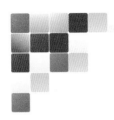

参考文献

顾招兵，杨飞云，林保忠，等. 2011. 农场动物福利现状及对策. 中国农学通报，3：251-256.

孙忠超，贾幼陵. 2013. 疼痛应激对畜禽的影响及对策. 中国动物检疫，30（5）：78-81.

孙忠超. 2013. 我国农场动物福利评价研究. 内蒙古农业大学博士学位论文.

赵英杰，贾竞波. 2009. 中国动物福利支付意愿及影响因素分析. 东北林业大学学报，6：48-50.

杨宁. 2012. 家禽生产学. 北京：中国农业出版社. 2002.

Bateson, P. 2004. Do animals suffer like us——the assessment of animal welfare. The Veterinary Journal, 168(2):110-111.

Bokkers, E. A. M., and P. Koene. 2004. Motivation and ability to walk for a food reward in fast- and slow-growing broilers to 12 weeks of age. Behav. Proc, 67:121-130.

Brambell, F. W. R. 1965. Report of the technical committee to enquire into the welfare of animals kept under intensive husbandry systems. HMSO, London.

Broom, D. M. 1986. Indicators of poor welfare. British Veterinary Journal. 142:524-526.

Broom, D. M. 1991. Animal welfare: concepts and measurement. Journal of Animal Science, 69:4 167-4 175.

Broom, D. M., and K. G. Johnson. 1993. Stress and Animal Welfare. London: Chapman and Hall.

Hemsworth, P. H., and G. J. Goleman. 1998. Human-Livestock interaction, the stockperson and the productivity and welfare of intensively farmed animal. Wallingford: CAB International.

Dawkins, M. 1990. From an animal's point of view: motivation, fitness, and animal welfare. Behavioural Brain Science, 13:1-16.

Duncan, I., and D. Fraser. 1997. Understanding animal welfare. Wallingford: CAB International.

Estevez, I. 2007. Density allowances for broilers: where to set the limits?Poult. Sci. 86:1 265-1 272.

Fraser, A. F., and D. M. Broom. 1990. Farm Animal Behaviour and Welfare. 3rd

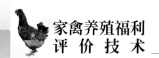
Edition. Wallingford: CAB International.

Fraser, D., and D. B. Broom. 1990. Farm Animal Behavior and Welfare. Oxon: CAB International, UK.

Guo, Y. Y., Z. G. Song, H. C. Jiao, Q. Q. Song, and H. Lin. 2012. The effect of group size and stocking density on the welfare and performanceof hens housed in furnished cages during summer. Anim. Welf. 21:41–49.

Jiao, H. C., Y. B. Jiang, Z. G. Song, J. P. Zhao, X. J. Wang, and H. Lin. 2013. Effect of perch type and stocking density on the behaviour and growth of broilers. Anim. Prod. Science. http://dx.doi.org/10.1071/AN13184.

Lawrence, A. B. 2008. Applied animal behaviour science: Past, present and future prospects. Applied Animal Behaviour Science, 115(1):1–24.

Lorz, A. 1973. Tierschutzgesetz. C. H. Beck' sche Verlagsbuchhandlung.

Rushen, J. 1991. Problems associated with the interpretation of physiological data in the assessment of animal welfare. Applied Animal Behaviour Science, 72:721–743.

Satty, T. L. 1980. The analytic hierarchy process. New York, MC-Craw-Hill.

Sun, Z., L. Yan, L. Yuan, H. Jiao, Z. Song, Y. Guo, and H. Lin. 2011. Stocking density affects the growth performance of broilers in a sex-dependent fashion.Poult. Sci. 90:1 406–1 415.

Tannenbaum, J. 1991. Ethics and animal welfare: The inextricable connection. JAVMA, 198(8):1 360–1 376.

Te Velde H. T., N. Aarts, and C. van Woerkum. 2002. Dealing with ambivalence: farmers' and consumers' perceptions of animal welfare in livestock breeding. Agricural Environment Ethics, 15(2):203–219.

Tsigos, C., and G. P. Chrousos. 2002. Hypothalamic-pituitary-adrenal axis, neuroendocrinefactors and stress. J. Psychosom. Res. 53(4):865–871.

Vanhonacker, F., W. Verbeke, and E. van Poucke. 2008. Do citizens and farmers interpret the concept of farm animal welfare differently. Livestock Science, 122(1):126–136.

Wang, X. J., Y. Li, Q. Q. Song, Y. Y. Guo, H. C. Jiao. Z. G. Song, and H.Lin. 2013. Corticosterone regulation of ovarian follicular development is dependent on the energy status of laying hens. J. Lipid Res. 54:1860–1876.

Welfare Quality®. 2009. Welfare Quality® assessment protocol for poultry (broilers, laying hens). Welfare Quality® Consortium, Lelystad, Netherlands.

Wiepkema, P. E. 1982. On the identity and significance of disturbed behavior in vertebrates. In W. Bessei(d.), Disturbed behavior in farm animals. Hohenheimer Arbeiten. Verlag Eugen Ulmer, Stuttgart, 21:7–17.

Zhao, J. P., H. C. Jiao, Y. B. Jiang, Z. G. Song, X. J. Wang, and H. Lin. 2012. Cool perch availability improves the performance and welfare status of broiler chickens in hot weather. Poult. Sci. 91: 1 775–1 784.

Zhao, J. P., H. C. Jiao, Y. B. Jiang, Z. G. Song, X. J. Wang, and H. Lin. 2013. Cool Perches Improve the Growth Performance and Welfare Status of Broiler Chickens Reared at Different Stocking Densities and High Temperatures. Poult. Sci. 92:1962–1971.